本书受山东师范大学青年教师学术专著（人文社科类）的出版资助以及山东师范大学2013年青年教师科研项目（人文社科类）"碳排放管制政策对于中国出口贸易竞争优势的影响研究——基于绿色全要素生产率的视角"（13SQR008）的资助

本书受山东师范大学青年教师学术专著（人文社科类）的出版资助以及山东师范大学2013年青年教师科研项目（人文社科类）"碳排放管制政策对于中国出口贸易竞争优势的影响研究——基于绿色全要素生产率的视角"（13SQR008）的资助

管制政策下中国出口贸易的二氧化碳排放效应研究

张海玲 著

中国社会科学出版社

图书在版编目（CIP）数据

管制政策下中国出口贸易的二氧化碳排放效应研究/张海玲著．—北京：中国社会科学出版社，2016.7

ISBN 978 - 7 - 5161 - 8153 - 9

Ⅰ.①管… Ⅱ.①张… Ⅲ.①政策—影响—出口贸易—二氧化碳—排气—研究—中国 Ⅳ.①X511

中国版本图书馆 CIP 数据核字（2016）第 099841 号

出 版 人	赵剑英
选题策划	刘　艳
责任编辑	刘　艳
责任校对	陈　晨
责任印制	戴　宽

出　　版	中国社会科学出版社
社　　址	北京鼓楼西大街甲 158 号
邮　　编	100720
网　　址	http://www.csspw.cn
发 行 部	010 - 84083685
门 市 部	010 - 84029450
经　　销	新华书店及其他书店

印　　刷	北京金瀑印刷有限责任公司
装　　订	廊坊市广阳区广增装订厂
版　　次	2016 年 7 月第 1 版
印　　次	2016 年 7 月第 1 次印刷

开　　本	710×1000　1/16
印　　张	11.25
插　　页	2
字　　数	201 千字
定　　价	46.00 元

凡购买中国社会科学出版社图书，如有质量问题请与本社营销中心联系调换
电话：010 - 84083683

管制政策下中国出口贸易的二氧化碳排放效应研究

张海玲 著

中国社会科学出版社

图书在版编目(CIP)数据

管制政策下中国出口贸易的二氧化碳排放效应研究/张海玲著.—北京：
中国社会科学出版社，2016.7

ISBN 978 - 7 - 5161 - 8153 - 9

Ⅰ.①管⋯　Ⅱ.①张⋯　Ⅲ.①政策—影响—出口贸易—二氧化碳
—排气—研究—中国　Ⅳ.①X511

中国版本图书馆 CIP 数据核字(2016)第 099841 号

出 版 人	赵剑英
选题策划	刘　艳
责任编辑	刘　艳
责任校对	陈　晨
责任印制	戴　宽

出　　版	中国社会科学出版社
社　　址	北京鼓楼西大街甲 158 号
邮　　编	100720
网　　址	http://www.csspw.cn
发 行 部	010 - 84083685
门 市 部	010 - 84029450
经　　销	新华书店及其他书店

印　　刷	北京金瀑印刷有限责任公司
装　　订	廊坊市广阳区广增装订厂
版　　次	2016 年 7 月第 1 版
印　　次	2016 年 7 月第 1 次印刷

开　　本	710×1000　1/16
印　　张	11.25
插　　页	2
字　　数	201 千字
定　　价	46.00 元

目　录

第一章　导言 ……………………………………………（1）

第一节　问题的提出及研究意义 …………………………（1）

第二节　相关概念界定 ……………………………………（5）

第三节　分析思路和主要研究内容 ………………………（6）

第四节　主要研究方法 ……………………………………（8）

第二章　相关文献述评 …………………………………（10）

第一节　理论研究 ………………………………………（10）

第二节　经验研究 ………………………………………（18）

第三节　文献评述及本书研究的出发点 ………………（25）

第三章　各国碳排放管制政策及国际合作现状分析 …（27）

第一节　管制国家的分类 ………………………………（27）

第二节　各国的碳排放管制政策分析 …………………（28）

第三节　碳排放管制政策的国际合作 …………………（45）

第四节　本章小结 ………………………………………（59）

第四章　管制政策影响出口贸易碳排放效应的理论分析 …（61）

第一节　基本假设 ………………………………………（62）

第二节　均衡条件下二氧化碳排放价格与排放水平的
　　　　确定 ……………………………………………（63）

第三节　出口贸易的二氧化碳排放效应 ………………（65）

第四节　发展中国家碳排放管制政策的影响 …………（67）

　　第五节　发达国家碳排放管制政策的影响 …………………… （69）

　　第六节　本章小结 ……………………………………………… （79）

第五章　中国出口贸易中二氧化碳排放水平的测算及检验 ……… （81）

　　第一节　测算方法与数据说明 ………………………………… （81）

　　第二节　中国二氧化碳排放的总体特征及分行业

　　　　　　测算结果 …………………………………………… （88）

　　第三节　中国出口贸易中的二氧化碳排放特征 …………… （104）

　　第四节　中国出口贸易污染避难所效应的检验 …………… （110）

　　第五节　本章小结 …………………………………………… （116）

第六章　管制政策影响中国出口贸易碳排放效应的实证检验 … （118）

　　第一节　实证方法说明 ……………………………………… （118）

　　第二节　样本数据说明 ……………………………………… （119）

　　第三节　管制政策影响中国出口贸易碳排放效应的

　　　　　　实证分析 …………………………………………… （123）

　　第四节　本章小结 …………………………………………… （140）

第七章　结论和研究展望 ……………………………………… （142）

　　第一节　全书结论 …………………………………………… （142）

　　第二节　政策建议 …………………………………………… （144）

　　第三节　研究展望 …………………………………………… （147）

附表 ……………………………………………………………… （149）

参考文献 ………………………………………………………… （164）

第一章　导言

第一节　问题的提出及研究意义

学术界关于贸易与环境问题的讨论出现过两次高潮，[①] 第一次出现于 20 世纪 70 年代，主要围绕贸易的环境效应、最优的贸易与环境政策选择等话题展开。由于研究方法以规范研究为主，缺乏实证检验的支持，提出的很多问题都没有找到解决的途径，如鲍莫尔（Baumol，1971）、沃尔特（Walter，1973）、马库森（Markusen，1975）、佩蒂希（Pethig，1976）以及西伯特（Siebert，1977），大部分学者认为环境政策是外生的，并不随着污染需求与供给的变化而调整。到了 20 世纪 90 年代，随着区域经济一体化与全球贸易自由化的范围进一步扩大，学术界掀起了关于贸易与环境的第二轮研究高潮。格罗斯曼和克鲁格（Grossman & Krueger，1993）在讨论北美自由贸易协议签订的环境影响时，第一次明确地将贸易的环境效应区分为规模效应（Scale Effect）、结构效应（Composition Effect）及技术效应（Technique Effect），认为贸易壁垒的下降将会通过扩大经济活动的规模、改善经济活动的结构以及改进生产技术影响环境。与前一阶段不同，该时期的研究利用环境库兹涅茨曲线作为分析工具，注重对于现实问题的实证检验，认为环境政策是内生于贸易与环境的关系之中的，出口的同时引起一国人均收入水平

---

① 见科普兰和泰勒（Copeland, B. R. & Taylor, M. S., 2004）。Copeland B. R. and Taylor M. S., "Trade, Growth, and the Environment." Journal of Economic Literature, Vol. 42, No. 1, March 2004.

的提高与污染程度的加重①，前者将会提高消费者对于环境质量的需求，从而促使相关部门采取更加严厉的环境管制政策，环境管制力度的加强会对贸易的环境效应产生影响，降低由于贸易规模的扩大引起的污染水平的提高②。

19世纪末20世纪初，随着一些国家陆续进入工业化时代，全球二氧化碳等温室气体的排放量逐年增多，并开始对大气环境以及人类活动产生不利影响。二战以后，随着发达国家的高速发展以及广大发展中国家的逐步崛起，各国在享受经济增长所带来巨大利益的同时，二氧化碳等温室气体的大量排放导致了全球环境污染、气候变暖以及生态失衡现象日益严峻，已经成为制约经济与社会可持续发展的瓶颈③。在此背景下，全球对于二氧化碳排放的关注加大，寻求一种既能维持生态平衡又能保证经济效率的可持续性发展模式成为世界许多国家的当务之急。自2003年英国政府首次提出低碳经济的概念以来④，许多国家都相继掀起了一场"低碳革命"，尤其是美国、日本、澳大利亚以及欧盟等发达国家和组织更是将低碳经济视为今后重要的经济增长点并加以扶持，以期在新一轮的国际竞争中抢占有利地位。根据科普兰和泰勒（2004）内生性的环境政策理论，一国的人均收入水平及经济发展程度决定了该国的环境政策力度，发达国家具有相对较高的人均收入水平，因此将会采取相对严厉的碳排放管制政策，而发展中国家出于经济增长速度与贸易竞争力的考虑，在制定碳排放管制政策时存有顾虑，因此，发达国家与发展中国家之间在碳排放管制力度方面存在差异。目前理论上对于贸易与环境污染问题的探讨大多是以整个环境为分析对象的，没有区分具体的环境污染源。不同的环境污染源具有不同的特征，如固体污染和水污染的地域性特征很强，而二氧化碳污染则具有明显的全球扩散特征，是

---

① 假设该国在污染密集型商品生产方面具有比较优势，出口贸易的扩大将会增强该类产品的生产规模和比较优势，由此带来的结构效应与规模效应加剧了该国的污染程度。

② 由于贸易扩大提高了收入水平，促进污染管制政策的强化，进而实现污染水平的下降被称为贸易对于环境的"技术效应"。

③ 根据国际能源机构的统计，1971年全世界由于化石燃料的燃烧引起的二氧化碳排放量约为140亿吨，到了2010年这一数据增加到300亿吨以上。

④ 低碳经济首次见于政府文件是2003年英国能源白皮书《我们能源的未来：创建低碳经济》。

一种全球范围内的公共污染品，一国的二氧化碳排放会对其他国家造成负的外部损失，同样，一国治理二氧化碳排放的行为也将会使其他国家受益，在这种情形下，国家间在制定碳排放管制政策方面存在一种利益博弈。一些发达国家认为，由于目前国际上对于碳排放的治理责任划分不明确，导致许多发展中国家出现"搭便车"行为，不仅不充分履行减排义务，而且还可能会因为发达国家单方面地强化碳排放管制政策扩大碳排放密集型产品的出口贸易优势，从而引起碳排放水平的上升，发生"碳泄漏"现象。一些发达国家声称将会对发展中国家的"搭便车"行为采取一定的惩罚措施，如征收边境调节碳税，以弥补"碳泄漏"对于发达国家污染治理效应的破坏。但是上述观点只是发达国家从自身利益角度出发提出的，其中有几个问题需要重新思考：首先，发达国家单方面地强化碳排放管制政策一定会引起发展中国家碳排放密集型商品出口贸易的扩大吗？即碳排放的"污染避难所"效应是否一定存在？其次，即使碳排放的"污染避难所"效应存在，"碳泄漏"现象一定会发生吗？再次，即使"碳泄漏"发生，边境调节碳税等惩罚性措施一定是有效的吗[①]？

中国作为世界上最大的发展中国家，近些年在保持经济高速发展的同时，粗放式的增长方式带来了二氧化碳等温室气体的大量排放。同样根据国际能源机构的统计显示，1971 年中国（包含香港在内）由于化石燃料的燃烧引起的二氧化碳排放量约为 8 亿吨，到了 2011 年这一数据增加到 80 亿吨左右，占到全球二氧化碳排放总量的四分之一。一些学者认为对外贸易是导致中国二氧化碳排放大幅度攀升的重要原因，如水和哈里斯（Shui & Harriss, 2006）通过测算发现 1997—2003 年间中国有 7%—14% 的碳排放来源于中国对于美国的产品出口。彼得斯和赫特维希（Peters & Hertwich, 2008）也发现中国出口贸易中的碳排放约占国内碳排放总量的 24%，而进口贸易中的碳排放所占比例仅为 7%。国内一些学者通过计算也认为中国以产品出口的方式为国外转移排放了大量的二氧化碳，如齐晔（2008）、刘强（2008）、孙小羽（2009）、闫

---

① 国内一些学者也将边境调节碳税（Carbon Motivated Border Tax Adjustment）称为"碳关税"，具体内容详见第二章。

云凤（2010）等。以美国、欧盟为首的发达国家和组织认为目前中国已经成为世界上最大的二氧化碳排放国，理应承担相应的减排责任，但是由于目前与中国在排放责任方面存有争议，因此将以"碳泄漏"为由拟对来自中国的出口产品征收边境调节碳税进行惩罚。对于这一问题仍需从两个方面重新思考：首先，大部分学者只是利用一定的计算工具对出口产品的碳排放进行了大致测算，并根据碳排放逐年增加的趋势判断出口贸易是导致中国二氧化碳排放量增加的重要原因，只是看到了贸易对于碳排放的一种规模效应，并未考虑贸易对于碳排放的技术效应，而且关于贸易与二氧化碳排放关系的实证检验也显示支持与不支持上述观点的结论均存在（陶长琪，2010；任力，2011；李锴，2011），这说明出口贸易对于中国二氧化碳排放的正向作用并不十分明确。其次，一国的碳排放水平除了以碳排放总量作为衡量指标外，还体现在碳排放强度上，即单位产值的碳排放量。出口贸易的碳排放量是碳排放强度与出口量的乘积，尽管历年中国的碳排放总量呈现出上升的趋势，但是碳排放强度的逐年下降趋势却相当明显[1]，体现出中国在碳排放管制方面所做出的努力。中国出口贸易碳排放量的增加主要来源于出口数量的上升，而出口数量的上升主要源于国外消费者的需求，因此发达国家不能将中国出口贸易碳排放水平的上升完全归咎于中国，采取的惩罚措施不能成立。

基于上述问题的思考，本书将建立一个系统的理论及实证分析框架，深入地探讨中国出口贸易的碳排放效应，通过逐步加入中国的碳排放管制政策因素以及发达国家的碳排放管制政策因素，分析管制政策的干预对中国出口贸易碳排放效应的影响。一方面有利于认清出口贸易对于中国碳排放水平的真实影响以及管制政策在其中所起的作用，为制定恰当有效的碳排放管制政策提供参考，在保证经济效率的前提下科学地实现减排目标，促进经济与环境的协调可持续发展；另一方面有利于认清一些发达国家推行的以应对碳排放为名的贸易保护措施，这种单方面地以环境政策替代贸易政策的行为是自由贸易的倒退，应该给予反对与

---

[1]　参考国际能源机构的出版物《燃料燃烧中的二氧化碳排放》（CO_2 Emissions From Fuel Combustion）2012 年版。

制止。同时鉴于碳排放的"公共污染品"特性，应该在全球范围内积极地完善国际合作机制，合理地分担减排责任。

第二节　相关概念界定

一　二氧化碳排放

如无特别说明，本书所提及的"碳"均为二氧化碳（分子式为CO_2），碳排放即为二氧化碳的排放，二氧化碳是构成温室气体的主要来源，目前全世界的二氧化碳排放过量，已经对大气环境、经济与社会活动以及人类的身体健康等方面造成严重的负面影响。

二　管制政策

本书所提及的管制政策主要是指针对碳排放的管制措施，管制即政府管制，是指政府为达到一定目的，凭借其法定的权力对社会经济主体的经济活动所施加的某种限制和约束。碳排放管制政策，是政府针对碳排放污染所制定的管制措施，主要分为三种类型：一是直接管制，政府根据相关的法律、法规或标准，直接规定经济主体碳排放的允许数量及方式；二是经济性管制措施，包括征收碳排放税、建立碳排放交易体系、对于低碳技术与低碳产业进行财政补贴等；三是自愿性的管制政策，主要指建立碳足迹标签认证体系。其中前两种为正式的制度安排，第三种为非正式的制度安排，最大的特点是非强制性。

三　出口贸易

出口贸易（Export Trade）主要是指本国生产或加工的商品输出到国外市场销售，暂时不考虑一国区际间的贸易、国际服务贸易与技术贸易等内容。

四　出口贸易的碳排放效应

出口贸易的碳排放效应主要指出口贸易量以及出口商品结构的变化对于一国的碳排放水平造成的直接与间接影响，主要分为两个层面，对于碳排放数量的影响以及对于碳排放强度（即单位产值二氧化碳排放量）的影响。

第三节　分析思路和主要研究内容

本书的研究主要采用理论分析和实证检验相结合的方法进行。在对相关文献进行归纳评述的基础上，提出了研究的出发点：探讨国内外的碳排放管制政策对于中国出口贸易碳排放效应的影响。为此，本书在科普兰和泰勒（2004）理论模型的基础上，引入碳排放的全球"公共污染品"特征，将国家分为发达国家与发展中国家两类，从三个层面探讨了出口贸易的碳排放效应：首先，不考虑任何碳排放管制因素，分析出口贸易对于发展中国家二氧化碳排放水平的影响；其次，单方面地考虑发展中国家碳排放管制政策因素对于出口贸易碳排放效应的影响；最后，探讨发达国家单方面地强化碳排放管制政策因素通过碳排放密集型产品出口贸易优势的转移对于发展中国家碳排放水平的影响，以及在此基础上纳入发展中国家碳排放管制政策因素引起的分析结果改变。为了验证理论分析的结论，本书首先基于投入产出分析法对中国2001—2010年各行业出口贸易中的二氧化碳排放水平进行了测算，在此基础上，利用出口贸易碳排放的比重以及净出口消费指数对于发达国家碳排放管制引起的"污染避难所"效应进行了初步验证。其次，采用计量回归的方法检验了中国出口贸易的二氧化碳排放效应，通过逐步加入发达国家碳排放管制因素以及中国的碳排放管制因素检验了管制政策对于中国出口贸易碳排放效应的影响。本书期望通过严谨的理论分析与实证检验得出相对可信的结论，以便为政策的制定提供科学合理的参考。

本书共分为七个章节，具体内容如下：

第一章为导言，主要阐述本书的研究背景、相关概念的界定、研究思路及研究内容。

第二章为相关文献综述，主要从理论和实证两个层面对国内外学者关于贸易的环境效应的研究进行梳理，指出当前的理论研究缺乏对于碳排放问题的探讨，实证分析缺少对于环境管制因素作用的检验，在此基础上提出本书研究的出发点。

　　第三章首先对于当前世界各国碳排放管制政策的现状进行分析，包括美国、欧盟、日本与韩国等发达国家和组织，也谈及中国目前碳排放管制现状。同时在该部分也分析了目前各国在降低碳排放问题上的合作谈判现状，指出了存在的相应问题，为后文政策建议的提出做出了铺垫。

　　第四章主要从理论上探讨了国内外碳排放管制政策对于中国出口贸易碳排放效应的影响。以发展中国家为主要研究对象扩展了科普兰和泰勒（2004）的理论模型，首先在基本假设的前提下，分析了均衡条件下一国二氧化碳排放水平以及排放价格的确定；其次分析了在没有政策干预的前提下，一国的出口贸易优势是如何影响该国的二氧化碳排放水平的；再次探讨了发展中国家的碳排放管制政策对于该国出口贸易碳排放水平的影响；最后分析了发达国家单方面地强化碳排放管制政策通过出口贸易渠道对于发展中国家碳排放水平的影响，以及发展中国家碳排放管制政策在其中所起的作用。

　　第五章对于中国出口贸易的二氧化碳排放水平进行了测算，并初步检验了发达国家单方面地强化碳排放管制政策带来的"污染避难所"效应以及"碳泄漏"效应。首先利用投入产出分析法计算出中国 24 个行业门类的直接碳排放量、直接碳排放强度、完全碳排放量以及完全碳排放强度。在此基础上对中国 18 个出口行业出口贸易中的碳排放水平进行了测算，并计算了中国各行业出口贸易中的碳排放占碳排放总量的比重以及出口行业的净出口消费指数，初步检验了"污染避难所"效应以及"碳泄漏"效应，为第六章的计量检验做了准备。

　　第六章是计量实证部分，利用中国 17 个工业行业的相关数据建立了一个面板回归模型，主要分两个层面考察了相关问题，首先对总体样本数据进行了回归检验，其次按照各行业的完全碳排放强度对总体样本数据进行了分组，分别对高碳排放强度行业、中碳排放强度行业以及低碳排放强度行业的相关数据进行了回归检验。探讨了国内外碳排放管制政策因素对于中国出口贸易碳排放效应的影响，同时验证了碳排放的环境库兹涅茨曲线以及人均资本强度、单位产值能耗强度等控制变量对于碳排放水平的影响。

　　第七章是结论和研究展望，首先对全书进行总结，其次提出了完善国内碳排放管制政策体系以及强化国际间合作机制的政策建议，最后指出了本书研究存在的不足以及下一步继续研究的方向。

第四节 主要研究方法

一 文献分析与理论研究相结合的方法

在对相关文献资料进行梳理的基础上，提出了现有研究中存在的不足以及本书研究的出发点。为此建立了一个系统的理论分析框架，构建了以全球碳排放为自变量的消费者效应函数、柯布－道格拉斯（Cobb-Douglas）形式的生产函数与成本函数、真实收入函数等，从理论上分别探讨了国内外碳排放管制政策对于一国出口贸易碳排放效应的影响，从而为本研究的顺利进行奠定了坚实的理论基础。

二 比较分析法

本书从横向与纵向两个维度分别采用了比较研究的方法。从横向来看，比较分析了美国、欧盟、日本、韩国等发达国家和组织与中国等发展中国家在碳排放管制政策方面存在的差异，为后文实证部分的开展提供了前提；从纵向来看，将世界各国在降低碳排放方面的合作谈判历程分为四个阶段，通过对比分析出各阶段取得的成绩以及存在的问题。

三 投入产出分析法

在计算中国各部门以及出口贸易中完全二氧化碳排放量时，采用了投入产出分析方法。利用修正后的投入产出表，纳入各经济部门之间的投入产出关系，可以全面反映出各行业出口贸易中真实的二氧化碳排放情况，为后文的计量检验提供了数据支撑。

四 计量回归的实证方法

在对碳排放管制政策影响中国出口贸易碳排放效应的实证过程中，主要采用计量回归的方法。利用中国 17 个工业行业 10 年间的相关数据，构建了一个面板回归模型。通过多个回归方程逐步检验了不加入碳排放管制因素时中国出口贸易的碳排放效应、加入中国碳排放管制政策因素时出口贸易的碳排放效应、加入附件Ⅰ（Annex Ⅰ）国家碳排放管制政策因素时中国出口贸易的碳排放效应以及在此基础上又加入中国碳排放管制因素后的影响。

第二章　相关文献述评

从 20 世纪 70 年代以来，学术界对于环境管制政策下国际贸易的环境效应的研究出现过两次高潮，第一次主要以规范研究为主，第二次则更加注重现实问题的实证检验。21 世纪初，随着低碳经济理念的提出，一些学者开始关注国际贸易的碳排放效应，以实证检验为主。本章主要从理论与实证两个层面对于国际贸易的环境效应以及环境管制政策在其中所起的作用进行梳理，指出目前研究的不足之处以及本书研究的出发点。

第一节　理论研究

从现有文献来看，理论研究主要围绕贸易的三种环境效应以及环境库兹涅茨曲线展开，从理论角度专门探讨贸易与碳排放关系的研究较少。有些研究发现环境管制政策的实施对于贸易的环境效应存在一定的影响，这种影响同时存在于不考虑国家间环境管制政策差异的情形以及考虑国家间环境管制政策差异的情形，在后一种情形下，环境管制政策对于贸易的碳排放效应的影响主要通过"污染避难所"效应以及"碳泄漏"效应实现。

一　管制政策与贸易的环境效应

（一）外生的环境管制政策

有关环境管制政策影响贸易的环境效应的研究可以追溯到 20 世纪的 70 年代。马库森（1975）建立了两个国家两部门两种基本生产要素的模型，指出环境管制政策决定了出口以及进口商品（污染密集型产品以及清洁产品）的类型，在其模型中污染排放与产出完全成正比，并不是一个可变量。佩蒂希（1976）通过纳入污染要素扩展了李嘉图的两种商品模型，发现两个国家在其他条件均相同的情况下，若污染管制标准不同，具有更高污染排放水平的国家将倾向于出口污染密集型商品。西伯特（1980）以及麦圭尔（McGuire，1982）利用两要素模型也认为若一国强化环境管制，环境治理成本的增加将会促使该国减少污染密集型商品的生产，而在相反情况下，若一国没有采取环境管制措施，则该国的污染密集型商品的贸易优势将会增强。也有许多学者研究了在开放条件下一个国家最优的环境管制政策与贸易政策的制定，例如鲍莫尔和奥茨（Baumol & Oates，1988）。上述研究尽管都探讨了环境管制政策对于贸易结构以及污染排放水平的影响，但是由于前提假设环境管制政策是外生的，没有考虑环境管制政策内生于一国经济发展水平的情况，因此并不能深入地探讨环境管制政策对于一国对外贸易环境效应的整体影响。

（二）内生的环境管制政策

格罗斯曼和克鲁格（1993）在讨论北美自由贸易协议的签订对于环境的影响时，认为贸易壁垒的减少将会通过改善经济活动的结构、扩大经济活动的规模以及改进生产技术影响环境，即贸易对于环境存在结构效应（Composition Effect）、规模效应（Scale Effect）及技术效应（Technique Effect）。结构效应对于环境的影响是不确定的，取决于一国的比较优势，若一国在污染密集型商品的生产上具有比较优势，则贸易自由化将会促进生产资源向该产品门类转移，引起该种商品生产与出口规模的扩大，从而引起污染排放的增加；反之，若一国在清洁产品的生产上具有比较优势，则贸易自由化将会引起污染排放的减少。规模效应是指贸易自由化扩大了经济活动的规模，随着生产要素投入的增加，污染排放也随之增加，从而引起环境的恶化。技术效应是指贸易自由化有利于各国人均收入水平的提高，由于环境质量是一种正常品，从而提高了人们对洁净环境的偏好，促使各国政府采取更加严厉的环境管制措施，从而减少了单位产品的污染排放量（即污染强度），有利于环境质量的改善。技术效应显示一国的环境管制力度是内生于该国的贸易收益的，又反过来对贸易的环境效应产生影响。科普兰和泰勒（1994）也将环境管制政策内生化，以贸易方式作为生产技术与要素禀赋的函数，建立了一个简单的南北贸易模型检验了人均收入、污染管制政策以及国际贸易之间的关系，研究结果显示，较高收入水平的国家将会选择更加严厉的环境管制政策，使得该国的出口贸易优势体现在相对清洁的产品方面。在此基础上，齐齐尔尼斯基（Chichilnisky，1994）、科普兰和泰勒（1995，2003，2004）、帕格尔和希尔（Pargal & Wheeler，1996）、劳舍尔（Rauscher，1997）等人也在内生条件下探讨了环境管制政策的产生及其对贸易的环境效应的影响。

（三）环境库兹涅茨曲线

库兹涅茨（Kuznets，1955）在研究收入分配与经济增长关系时，发现收入分配的不公平程度随着经济增长呈现出一种先上升后下降的趋势，即存在一种倒"U"型的关系，后人将这种关系称为库兹涅茨曲线。格罗斯曼和克鲁格（1993）将贸易的环境效应与库兹涅茨曲线相结合，证实了在开放条件下，环境与人均收入之间也存在倒"U"型曲线关系。在人均收入处于较低水平时，出口贸易的规模效应和结构效应大于技术效应，经济增长将会带来环境的恶化；当人均收入达到一个拐点后，出口贸易的技术效应超过规模效应与结构效应，经济增长将会带来环境的改善，这一观点被称为环境库兹涅茨曲线假说（Hypothesis of Environmental Kuznets Curve）。尽管人均收入对于环境的作用机制随着污染源的不同而改变，但是格罗斯曼和克鲁格（1995）认为当一个国家的人均收入达到8000美元时，就会达到曲线的拐点。齐齐尔尼斯基（1994）、科普兰和泰勒（1994）以及科尔（Cole，2000）等人对于贸易与环境的讨论也显示出贸易自由化对于人均收入与污染之间关系的影响。

从环境管制政策角度解释环境库兹涅茨曲线形成的原因主要存在四种假说：首先是增长源假说（Source of Growth），假设环境管制政策对于人均收入不敏感，经济增长来源的结构变化将会影响污染与人均收入之间的关系。在一国发展的早期，经济增长主要通过资本积累实现，人均收入的增加将会带来污染的上升，而在后期的发展阶段中，增长则主要通过人均资本的增加来实现，人均收入的增加反而会带来污染的下降，相关研究见格罗斯曼和克鲁格（1995）、加尔和门德斯（Gale & Mendez，1998）、黑蒂希（Hettige，2000）等。其次是收入效应假说

(Income Effects)，污染排放随着消费者真实收入的增加呈现出先上升后下降的趋势，环境管制政策在其中起到关键性的作用。相关研究见洛佩斯（Lopez，1994）、葛文德（Gawande，2001）。一些学者认为收入效应理论也可以通过贸易的政治经济学理论进行解释，比如在环境库茨涅茨曲线（Environmental Kuznets Curve，EKC）回归中将政治自由度视为一种外在参数，认为该参数能够与收入相互作用，递增的自由度将会带来更加清洁的环境，如洛佩斯和米特拉（Lopez & Mitra，2000）、巴雷特和格兰迪（Barrett & Graddy，2000）。再次是门槛效应假说（Threshold Effects），该假说认为在经济发展的早期，污染排放受环境规制政策的影响较小，因此随着人均收入的增长而上升，但是在经过一定的门槛后，这一关系将被打破，环境规制政策开始发挥较大的作用，污染将随着人均收入的上升而下降，相关研究见琼斯和马努埃利（Jones & Manuelli，1995）。最后为减排的规模递增假说（Increasing Returns to Abatement），该假说认为随着减排的规模上升，其效率也将增加，因此即使环境管制政策不变，企业也将采取更加清洁的生产技术，从而带动污染水平的下降，相关研究见安德烈奥尼和莱文森（Andreoni & Levinson，2001）。

二　"污染避难所"效应

国家间的环境管制政策存在着相互影响，一国环境管制政策的变化可能通过贸易渠道对其他国家的环境产生影响，例如，引起污染密集型产业的贸易优势由环境管制政策较为严厉的国家向管制政策较为宽松的国家迁移，进而增加后者的污染排放或者消极地作用于环境政策。同时国家出于维持国际竞争力的考虑不愿强化环境管制政策，因此将贸易自由化的环境效应与政策工具的选择、政策的灵活性以及国家间的比较优势结合起来分析非常重要，从理论上讲，将贸易自由化与污染管制及比较优势结合起来的假说主要有两种，即"污染避难所"效应（Pollution Haven Effect，PHE）及"污染避难所"假说（Pollution Haven Hypothesis，PHH）。

（一）"污染避难所"效应与"污染避难所"假说

PHE 及 PHH 来源于科普兰和泰勒（1994）对于南北贸易及环境之间关系的研究，有些学者在研究过程中将两者混淆，事实上两者在本质上存在很大的差异。PHE 是指一国强化污染管制将会引起污染密集型行业的贸易优势转移到污染管制较为宽松的国家，该观点具有很强的理论支持。而 PHH 是指贸易壁垒的下降将会引起污染密集型产业从那些环境管制较严厉的国家转移到那些管制政策较弱的国家，存在资本的流动，该假说的理论基础相对较为薄弱，因为传统的贸易理论认为除了政府环境管制之外，还有许多其他因素影响产业转移，如果这些因素足够强大，则会存在一种"污染避难所"效应，但"污染避难所"假说不一定存在，这种区分对于环境政策的讨论具有重要的意义（科普兰和泰勒，2004）。泰勒（2005）也认为 PHE 与 PHH 存在很大的不同，PHE 是 PHH 存在的必要但非充分条件，只有其他的贸易动机都不存在时，PHE 才是 PHH 存在的充分必要条件[①]。

科普兰和泰勒（1994）在大量假设的基础上分析了"污染避难所"效应，例如：生产要素在国家间不可以自由流动；任何产品的生产都会带来污染，对于污染的治理是可行的但会消耗真实的资源；污染管制水平是南北国家收入差距的内生函数，政府在政策制定上不存在策略博弈；同时假设污染是局部的[②]，环境是一种正常品。一些学者在此基础上逐步放松假设，更加深入地探讨了一国环境管制政策的变化对于其他国家的影响。埃尔贝斯和维特根（Elbers & Withagens，2004）假设生产要素在国家间是可以自由流动的，从而促进了污染密集型行业在环境管制宽松国家的集聚，提高了生产技术水平以及东道国的国民收入水平，反过来有利于东道国环境标准的提高。麦奥斯兰（McAusland，2004）发现强化管制政策将会产生两种效果：其一是提高成本并降低污染水平，其二是将会矫正那些影响生产率的资源扭曲，如果后者的效应超过前者，则最终会带来生产率的提高，从而降低单位产品的生产成本，因此强化环境管制并不一定必然会增加生产成本。瑞吉碧和加莱戈斯（Regibeau & Gallegos，2004）建立了一个双寡头博弈模型，通过一

---

① 在科普兰和泰勒（1994）的基本模型中，由于国家间环境管制差异是比较优势的唯一来源，对于 PHE 的证实意味着 PHH 的存在，但是当模型扩展至比较优势的其他决定因素时（如人口密度），仍可以发现 PHE，但是 PHH 不再成立。

② 科普兰和泰勒（1995）将模型扩展到对于跨境污染（Transboundary Pollution）的分析中，但是跨境污染的增加并未改变"污染避难所"假说对于贸易方式及污染的预测。

种单纯的策略互动检验了"污染避难所"效应，他们认为政府唯一的政策工具是征收关税，由于清洁生产技术的成本较高，如果实施自由贸易，本国企业不会选择清洁的生产技术，如果对进口产品施加高额的关税，则本国企业能够从关税保护中受益并有动力采取清洁生产技术，从而有利于降低污染排放水平。

如果污染排放是跨境的，按照公共经济学的理论，一国强化环境管制政策可能引起其他国家"搭便车"现象的发生，从而使得本国污染排放的下降被国外污染排放增加所抵消，这种观点体现在基本的"污染避难所"效应模型中。但戈隆贝克和赫尔（Golombek & Hoel，2004）认为如果本国的污染治理技术存在溢出效应，那么该溢出效应就会刺激外国采取该技术降低污染水平，前提是两国愿意进行污染治理并从事技术的研发活动以使得环境损失的最小化。"搭便车"效应以及技术溢出带来的污染治理效应是相互冲销的，哪种动机处于主导地位取决于模型的设定。

（二）两个相关的假说

1. "竞次"假说

对于"污染避难所"效应的讨论便于分析贸易自由化带来的"竞次"现象。"竞次"（Race to the Bottom）假说最初来源于美国各州关于投资与就业的局部竞争，施拉姆（Schram，2000）将"竞次"解释为各州为吸引外部投资彼此间进行的竞赛，各州竞相采取压低税收、降低工资、变通相应政策的手段，以创造出更具吸引力的投资环境。科普兰和泰勒（2004）认为在贸易自由化中也可能存在"竞次"现象：国家间为了减轻自由贸易的竞争压力竞相弱化它们的环境管制政策，这一现象与"污染避难所"效应一致，因为污染政策确实影响到贸易流，环境政策有可能会被作为贸易政策的替代，成为签订贸易协定时的漏洞。梅达拉和拉萨罗（Medalla & Lazaro，2005）也探讨了贸易是否会带来环境标准的"竞次"现象，产业的领导者总是担忧来自于海外的竞争，当国内环境管制成本增加时，他们担心将因此丧失销售、就业、投资以及竞争力，因此国内生产商经常将对于竞争力的恐惧视为向政府施加压力以最小化环境治理成本的一条途径。弗兰克尔（Frankel，2008）也认为对于那些担忧国际贸易将会对国家的环境标准施加压力并因此破坏全球环境系统的人而言，"竞次"假说可能是最强的依据。希瓦和哈维（Shiva & Harvey, 2008）分析了存在跨境污染的前提下贸易自由化对于环境政策的影响，贸易自由化对环境能够造成"竞次"效应，使得所有国家都变得更糟。

2. "波特"假说

"竞次"假说建立在环境管制政策将会增加社会成本，降低产品的国际竞争力的观点之上，因此国家间为了减轻自由贸易的竞争压力才会竞相弱化环境管制政策。但是另一些学者认为适当的环境管制措施可以刺激企业采取更多的技术创新活动，从而抵消由于环境保护所带来的成本，进而提高了产品的国际竞争力，由于这一观点是由波特和林德（Porter & Linde, 1991, 1995a, 1995b）提出的，因此被称为"波特"假说（Porter Hypothesis）。厄尔夫（Ulph, 1996）建立了一个古诺竞争的战略性贸易模型扩展了该假说，认为生产商之间的策略互动降低了政府放松环境管制的动机。格雷克（Greaker, 2003）通过将污染治理技术视为生产过程的一种投入扩展了"波特"假说，认为环境税的征收有利于产品国际竞争力的提高。针对波特的委托—代理模型存在委托人和代理人偏好不对称的缺点，施姆茨勒（Schmutzler, 2001）等人通过加入环境管制政策使得委托人和代理人之间的偏好实现一致。此外，欧桑和南迪（Osang & Nandy, 2003）以及波普（Popp, 2005）等人也对波特模型进行了扩展。

三　"碳泄漏"假说

关于"碳泄漏"的含义，洛克伍德和惠利（Lockwood & Whalley, 2008）将其定义为一个国家减少碳排放的政策引起的其他国家碳排放的增加，并认为"碳泄漏"将使得国内产业竞争力处于不利的地位。格兰和埃德加（Glen & Edgar, 2008）则将"碳泄漏"定义为非气候管制国家对于气候管制国家隐含碳的出口，认为如果国际气候协定如《京都议定书》的成员国无法涵盖所有的国家，则就会产生"碳泄漏"问题。"碳泄漏"主要源于两条途径，其一是碳排放密集型产业从成员国转移到环境管制政策较宽松的非成员国所引起的，这是一种"强污染避难所"假说(Strong Pollution Haven Hypothesis)，缺乏实证的支持。

其二是由于非成员国污染密集型产品贸易优势的增强促进了生产和出口的增加，引起该国碳排放水平的提高，从而引起"碳泄漏"现象，这是一种"弱污染避难所假说"（Weak Pollution Haven Hypothesis）。福利（Fowlie，2009）把"碳泄漏"定义为由于不完全环境管制，未受管制的生产者的产量以及碳排放的增加。而埃利奥特（Elliot，2010）则认为在降低碳排放的问题上，一些国家存在"搭便车"的行为，如果国家间没有采取统一的降低碳排放的措施，则那些已经征收碳排放税的国家无法实现降低全球碳排放的目的，因为国际贸易将会加剧未征税国二氧化碳排放的增加，他们将这一现象称为"碳泄漏"。

关于如何应付"碳泄漏"现象，费希尔和福克斯（Fischer & Fox，2009）认为边境碳税调节是最优选择。埃利奥特（2010）也认为征收边境调节税是应付"碳泄漏"最主要的政策反应。边境碳税调节（Carbon Motivated Border Tax Adjustment）是边境税收调节（Border Tax Adjustment，BTA）的一种，边境税收调节又称边境调节税或边境调节，是国际贸易领域内的一种税收体制，主要分为对出口的调节与对进口的调节两种形式。边境碳税调节按照目的地原则对国内征收的碳税进行调节，为出口产品免除全部或部分已经在国内征收的碳税，以及对进口产品征收与国内相似产品承担的等额的碳税费用，若两者同时进行，则为全部边境碳税调节；若单一地针对进口或出口，则为部分边境碳税调节。边境碳税调节本身不是关税，而是对国内税收的一种调节，其目的是使各国的碳税税负水平趋于统一（谢来辉，2008）。对于边境碳税调节合法性的讨论主要围绕其与WTO贸易规则是否兼容而展开，WTO的国民待遇原则要求进口国对于进口的产品给予不低于本国同类产品的待遇，同时最惠国待遇原则禁止WTO成员方对贸易伙伴实施差别待遇，这些规则可能限制边境碳税调节的水平，但是有些学者认为在某些条件下，边境碳税调节措施与WTO的贸易规则可以并行不悖，如比尔曼和布罗姆（Biermann & Brohm，2005）以及伊斯梅尔和纳奥夫（Ismer & Neuhoff，2007）。有些学者提出了相反的意见，如认为边境碳税调节将违背WTO自由贸易的精神，如国内学者谢来辉（2008）与沈可挺（2010）。

第二节　经验研究

尽管在理论方面专门探讨贸易与碳排放关系的研究较少，但是从实证角度对此进行检验的文献却非常丰富，一些学者对贸易中的隐含碳排放进行了核算，另一些学者采用计量方法对贸易的碳排放效应进行了实证检验，但是同理论研究一样，经验研究缺乏环境管制政策因素的考虑。此外，国内外学者缺少对于碳排放的"污染避难所"效应的实证检验，国内学者对于碳泄漏现象的经验研究也非常少。

一　出口贸易中隐含碳排放的核算

（一）国外的相关研究

学者们通常利用投入产出分析法对国际贸易中隐含的碳排放进行核算，主要分为两种类型，第一种是采用单个国家投入产出模型，比如：马沙杜（Machado，2001）对巴西，蒙克斯高和佩德森（Munksgaard & Pedersen，2001）对丹麦，桑切斯－肖利兹和杜阿尔特（Sanchez – Choliz & Duarte，2004），圣卡娜（Santacana，2008）对西班牙，蒙杰利（Mongelli，2006）对意大利的检验，等等。第二种是采取多国投入产出模型，如水和哈里斯（2006）估计了中美两国出口贸易中的内涵碳排放，发现 1997—2003 年间中国约有 7%—14% 的碳排放来源于中国对于美国的产品出口。彼得斯和赫特维希（2008）采用全球跨国投入产出模型，估算了 2001 年 87 个国家和地区贸易中的内涵碳排放，结果发现中国出口贸易中的碳排放占国内碳排放总量的 24% 左右，而进口贸易的碳排放量所占比例仅为 7%。禅洲（Satoshi，2009）也利用跨国投入产出模型对 OECD 国家间出口贸易中的碳排放进行实证检验。圣卡娜（2008）则认为国家以产品生产为基准统计的碳排放量和以产品消费为基准统计的碳排放量不同，且 2000 年以来两者的差距在逐渐拉大。

（二）国内的相关研究

长期以来，中国在气候变化国际谈判中一直坚持四项原则：一是要兼顾排放总量与人均排放量；二是要兼顾当前排放量与历史累计排放量；三是要兼顾排放的数量与国家发展的阶段；四是近期讨论最为激烈的：既要看本土的排放，又要看转移的排放。高耗能、高排放产品的出口国需要承担本应在进口国排放的二氧化碳，而进口消费这些产品的国家却没有将此列为本国的排放总量。核算中国出口贸易中隐含碳排放是实证检验贸易与碳排放之间关系的前提，也是验证贸易的环境库兹涅茨曲线存在的必要条件。对出口贸易中的碳排放进行核算需要借助一定的分析工具，国内学者也大多采用投入产出分析法，如齐晔（2008）、陈迎等（2008）、张晓平（2009）、魏本勇等（2009）、孙小羽等（2009）等。结果表明，中国出口贸易的增长是建立在越来越多的能源消耗以及碳排放的基础上的。在计算出口贸易中的碳排放时，存在一个关键性的技术问题：如何衡量加工贸易的碳排放，由于加工贸易中进口投入的碳排放发生在国外，若不剔除，将会高估中国出口贸易的碳排放，陈迎（2008）、魏本勇等（2009）采用了一定的方法对此进行修订。除了投入产出分析法，也有一些学者采用其他方法核算了中国出口贸易中的碳排放，如周念利等（2007）利用灰色关联聚类分析模型对1985—2003年中国出口贸易可持续发展水平进行了检验，结果证明中国出口贸易中经济效益的获取以资源消耗、高碳排放以及环境质量恶化为代价，出口贸易难以维持可持续性发展。刘强等（2008）利用生命周期评价方法计算了出口贸易中46种重点产品的载能量和碳排放量，结果发现这些出口产品在生产过程中消耗了大量的国内能源并产生了大量的碳排放，从长远角度来看，不利于我国可持续发展目标的实现。

二　出口贸易碳排放效应的实证检验

（一）国外的相关研究

格罗斯曼和克鲁格（1993）利用横截面回归结果以及布朗（Brown，1991）的 CGE 模拟结果[①]，发现北美自由贸易协定（NAFTA）所带来的结构效应有利于墨西哥环境的改善，综合考虑贸易自由化的三种效应将有利于污染排放的减少。安特维勒（Antweiler，2001）等利用

---

① 可计算的一般均衡（Computable General Equilibrium，CGE）是用以政策分析的工具。

硫排放数据对贸易自由化的规模效应、技术效应以及结构效应进行了估计并加总，并同时考察了要素禀赋效应的贸易动机及"污染避难所"效应的贸易动机，结果表明，如果贸易自由化使得人均 GDP 增加 1%，则污染集聚水平随之降低 1%，自由贸易有利于环境的改善。其他一些学者也考察了出口贸易对于环境质量的三种效应。迪安（Dean，2002）估计了 1987—1995 年出口贸易的增长对于中国 28 个省份的水质量的影响，并利用规模、结构及技术效应对此进行了解释：结构效应引起了排放的上升，但同时收入增长带来的技术效应有利于排放的下降，因此总体上贸易自由化对于排放的影响不确定。科尔和埃利奥特（2003）利用国家间的污染排放数据考察了 SO_2、CO_2、BOD 以及 NO_x 等不同的污染物[①]，他们的研究未能区分规模效应和技术效应，但是利用安特维勒（2001）的方法单独考察了贸易的结构效应，结果发现，SO_2 与 CO_2 两种污染物的结构效应结果与安特维勒（2001）的结论基本一致，但是 BOD 以及 NO_x 的结果却不同。弗兰克尔和罗斯（Frankel & Rose，2005）将贸易开放度要素作为一个内生的解释变量加入 EKC 的分析框架中，研究发现贸易开放度的内生性并未影响到早期的结论。

随着研究的深入，一些学者开始关注环境管制因素对于一国出口贸易碳排放效应的影响，如麦卡尼和阿达莫维茨（McCarney & Adamowicz，2006）利用 1970—2000 年 143 个国家的碳排放数据同时检验了环境库兹涅茨曲线、贸易自由化的碳排放效应以及"污染避难所"效应。在解释变量的选取上，除了传统的解释变量之外，他们还采用了马里兰大学政体Ⅳ（Polity Ⅳ）项目中的 Polity 指数考察一个国家的管制政策对于环境质量的直接影响[②]，实证结果表明 Polity 指数的回归系数是显著的，表示一个国家民主程度的增加将会降低二氧化碳的排放，但是该指数与贸易依存度的交互项的回归系数却是不显著的，表示贸易开放度影响环境的方式不随国家的特征而改变。

[①] SO_2、CO_2、BOD 以及 NO_x 分别为二氧化硫、二氧化碳、生化需氧量（Biochemical Oxygen Demand）、氮氧化物（Nitrogen Oxides）的化学分子式。

[②] Polity 指数代表一个国家民主或专政的程度，取值区间为 [-10, 10]，若取值为 -10 表示一国为极度专制的国家，若取值为 10，则表示该国为极度民主的国家。

（二）国内的相关研究

国内学者对于这一问题的研究主要集中于二氧化碳排放的环境库兹涅茨曲线的检验，大量学者得出中国目前是存在二氧化碳排放的环境库兹涅茨曲线的，例如宋涛等（2007）对中国 1960—2000 年人均二氧化碳排放量与人均 GDP 之间的长期关系与短期关系进行了实证研究，结果发现两者之间呈现出一种倒"U"型的环境库兹涅茨曲线关系。许广月等（2010）选用 1990—2007 年中国省域面板数据，运用面板单位根和协整检验办法，研究结果表明，中国及其东、中部地区存在人均碳排放环境库兹涅茨曲线，但是西部地区不存在该曲线，同时给出全国及各省域达到人均碳排放拐点的时间路径。

也有一些学者通过实证检验发现中国二氧化碳排放不存在所谓的环境库兹涅茨曲线。李斌、彭星（2011）引入全球价值链的视角，构建联立方程计量经济学模型对中国 1991—2001 年的时间序列数据进行实证分析，考察了对外贸易与碳排放之间相互影响与制约的关系。研究结果表明，不存在碳排放环境库兹涅茨曲线，对外贸易规模的扩张、技术的不断进步及对全球价值链的逐渐融入是对外贸易影响中国碳排放的三大主要因素，其中价值链效应的作用更大。高静（2011）在考虑贸易与投资的前提下，利用我国各省份面板数据检验了中国二氧化碳排放的 EKC 存在，并认为东部地区存在倒"U"型的 EKC，而西部地区存在正"U"型的 EKC，中部地区不存在 EKC。

有些学者没有借助理论模型，而是单纯地建立计量模型考察贸易发展对于二氧化碳排放的影响，如陶长琪等（2010）利用自回归分布滞后模型对我国二氧化碳排放与外贸依存度之间的动态关系进行了实证研究，结果发现两者存在长期的均衡关系，中国对外贸易的发展带来了二氧化碳排放的增加。任力等（2011）通过计算东、中、西三大区域在 1995—2007 年的碳排放量的面板数据，验证了三大区域对外贸易密度都对人均碳排放具有显著的影响。李锴等（2011）估算了 1997—2008 年中国 30 个省区的碳排放量，利用面板数据全面地考察了贸易开放与碳排放之间的关系。结果发现，在加入了人均收入和其他控制变量后，贸易开放增加了中国省区的碳排放量和碳排放强度，国际贸易对中国环境影响是负面的，"竞次"效应大于贸易环境收益效应，因此政府加强环境规制是必要的。

三　"污染避难所"效应的实证检验

（一）国外的相关研究

学术界对于"污染避难所"效应的实证检验有很多，早期研究的主要发现是环境控制成本对于一国的净出口没有影响或者两者存在一种正相关关系，如迪安（1992）、莱文森（1996），证据显示"污染避难所"效应并不存在，因此作为一种必然条件也拒绝"污染避难所"假说的成立。上述研究大多使用部门间的数据，没有控制国家间以及部门间不可观测的异质性，尤其是将环境管制视为外生，如果管制政策是内生的，或者存在重要的遗漏变量，上述估计结果可能是有偏差的。20世纪90年代后期的一系列实证研究通过充分地考虑环境管制政策的内生性推翻了早期的结论，这些研究采取了一系列新的估计方法，例如固定效应与工具变量方法，并相应地发现出口与环境控制成本之间的负相关关系，因此为"污染避难所"效应的存在提供了大量的证据，但是却缺乏直接的证据证明"污染避难所"假说存在与否。例如安特维勒（2001）的研究提供了支持"污染避难所"假说存在的证据，但是这种证据是根据贸易自由化与污染集聚的变化之间的关系推断出来的，并非是对贸易流动的直接观察，而相比之下，艾德灵顿（Ederington，2004）直接利用美国1972—1994年制造业数据计算了生产、进口及出口的污染排放贸易数据，进而检验了"污染避难所"假说，并认为美国的比较优势在于污染密集型产业而非清洁产业，相比于环境管制，其他决定比较优势的因素在影响贸易流动方面更重要，"污染避难所"假说并不存在。

另外一些学者在实证检验中也并未发现"污染避难所"效应的存在，如穆拉图（Mulatu，2004）修改了标准的线性回归模型并采取了新的贸易数据考察环境管制在产业间的不同表现，实证结果没能为"污染避难所"效应的存在提供明确的证据，但总体而言，穆拉图等人的研究表明，在实证过程中应该充分考虑环境管制效应在产业间的差异。贾沃希克和魏（Javorcik & Wei，2004）检验了FDI进入东欧的25个转型经济体以及前苏联的决定因素，同样认为环境管制效应在产业间的差异非常重要，研究结果也并未发现"污染避难所"效应。

在环境与贸易的一般均衡模型中，贸易流动对于环境政策的制定将会存在一种反馈效应，这一方面是因为通过贸易增加了对其他国家的了解，或者扩大了国家间的问题，从而影响到均衡污染水平；另一方面是因为贸易影响资本、知识以及新技术的流动，从而影响到未来政策制定。迪马利亚和斯马尔德斯（Di Maria & Smulders，2004）通过建立一个中间产品的北南贸易模型检验了贸易对于创新及污染水平的影响，研究结果显示，国际贸易对于污染水平具有两种效应：第一种被称为"污染避难所"效应，南方国家专注于生产污染密集型产品；第二种被称为技术效应，即贸易改变了产业间研发资源以及治理成本的配置，当两种相互抵消的效应结合在一起时，作者发现即使南方国家专门生产污染密集型产品，其污染水平也未必上升。西格曼（Sigman，2004）则利用水资源数据考察了贸易对于环境政策反馈效应的大小以及国家间进行环境合作的可能性，结果发现贸易规模的扩大与水资源质量的改善之间存在一种正相关关系，并认为由于贸易联系的紧密，国家间的环境合作将是双赢的。赫尔特伯格和巴比耶（Hultberg & Barbier，2004）检验了贸易流动对于政策反馈效应的一种极端形式，即贸易政策与环境政策应该相互联系并彼此兼容，两种政策的兼容往往被认为是否定"污染避难所"效应所带来的贸易方式的依据，赫尔特伯格等人的贡献在于发现政策的兼容在某些情况下是帕累托改进的。

此外，泰勒和莱文森（2008）、凯伦伯格（Kellenberg，2009）以及米利米特和罗伊（Millimet & Roy，2011）等人也利用了相关的实证检验方法考察了国家间环境管制政策的差异对于贸易流及跨国企业活动的影响。

（二）国内的相关研究

国内大部分学者并未区分"污染避难所"效应及"污染避难所"假说，实证检验主要是针对"污染避难所"假说展开，大致分为两个方面：第一方面是关于 FDI 与"污染避难所"假说的实证研究，如陈红蕾等（2006）、曾贤刚（2010）认为我国环境政策强度对 FDI 流向的影响较小，"污染避难所"效应并不存在；而张成等（2011）则通过检验在一定程度上支持"污染避难所"假说的存在。第二方面是关于贸易与"污染避难所"假说的实证检验，例如，傅京燕等（2011）在考虑中间品污染的情况下，通过计算中美双边贸易的内涵污染，考察了对外贸易对发达国家与发展中国家环境的影响。结果发现，在中美双边贸易中，中国环境受损，美国环境获利，"污染避难所"假说成立。杨万平等（2008）也认为出口贸易恶化了中国的环境，是污染加剧的重要变量，"污染避难所"假说得到验证。李小平等（2010）认为关于发达国家是否向发展中国家转移了污染产业，现有的实证研究文献主要沿着两条思路：其一是检验一国的外商直接投资是否因为宽松的环境规则而形成，主要采用计量模型检验一国的 FDI 流入或流出（或跨国公司的选址）是否是环境规制的影响；其二是检验发展中国家和发达国家污染产品生产、消费和贸易的动态变化，典型的方法是采用净出口消费指数来衡量一国污染产品的净出口相对于其国内消费的相对变动。他们通过计算 1998—2006 年中国与 OECD 国家及 G7 国家之间各工业行业的净出口消费指数，结果发现发达国家不仅向中国转移污染产业，也向中国转移"干净"产业。同时借助计量分析发现国际贸易能够减少工业行业的碳排放总量以及碳排放强度，因此得出结论，中国并没有通过国际贸易成为发达国家的"污染避难所"。

四　"碳泄漏"的实证检验

国外学者对于"碳泄漏"的检验主要采取以下两种办法：首先是通过计算非环境管制国家对于环境管制国家隐含碳的出口来判断"碳泄漏"的大小，如格兰和埃德加（2008）利用 GTAP 的数据研究得出国际贸易中确实存在隐含碳的流动[①]，2001 年全球国际贸易中的隐含碳流量大约为 5.3 吉吨[②]，《京都议定书》框架下的"碳泄漏"率大致为10.8%[③]。其次是采用 CGE 模型计算"碳泄漏"，如曼德斯和费嫩达尔（Manders & Veenendaal, 2008）利用 CGE 模型得出若欧盟采取措施降低碳排放，"碳泄漏"率到 2020 年大概为 3%，将比 1990 年的"碳泄

---

①　GTAP（Global Trade Analysis Project）模型是美国普渡大学教授汤姆斯·赫特提出的用以全球贸易分析的工具。

②　1 吉吨 = 10 亿吨。

③　这里将碳泄漏率定义为由于部分国家对碳排放实行管制政策导致未采取碳排放管制政策的国家碳排放增加量与管制国家碳排放的削减量的比值。

漏"率水平下降 20% 左右。一些学者采取 EPPA 模型（CGE 模型的一种）计算出更高的"碳泄漏"率，如巴比克和卢瑟福（Barbiker & Rutherford，2005）发现《京都议定书》Annex B 国家与非《京都议定书》Annex B 国家之间的"碳泄漏"率是非常高的[①]，巴比克（2005）认为这一"碳泄漏"率在某种情形下超过 100%。埃利奥特（2010）利用 CIM - EARTH 模型（CGE 模型的一种）计算了四种情形下的"碳泄漏"，发现若只在 Annex B 国家中征收碳税所带来的二氧化碳减排量仅占到全球同时征收碳税情形下的 1/3，此外，"碳泄漏"率从 15% 到 25% 不等，取决于碳税水平。

对于边境调节碳税应对"碳泄漏"的效果，不同的学者观点不一，曼德斯和费嫩达尔（2008）认为如果采取完全的边境调节碳税将最终消除"碳泄漏"，而埃利奥特（2010）也认为若实施边境调节碳税措施可以减少近一半的"碳泄漏"。但是巴比克和卢瑟福（2005）的研究结果显示边境调节措施的效果很小，麦基宾和威尔科克森（Mckibbin & Wilcoxen，2008）等利用实证方法也发现边境调节碳税措施带来的收益太小，并不足以弥补执行成本及其对国际贸易的负面影响，对于减少"碳泄漏"的作用不大，并且很难保护进口竞争产业，对于全球贸易体系的健全也存在着潜在的威胁。

国内方面也有一些学者开始实证检验"碳泄漏"现象，赵玉焕等（2011）以中国与欧盟碳密集型产品的进出口比率作为指标，考察欧盟实施温室气体减排措施依赖该指标的变化趋势，研究结果表明，中国与欧盟之间可能并未发生"碳泄漏"，即使发生了"碳泄漏"，其微弱程度也不足以成为欧盟征收碳关税的理由。

第三节　文献评述及本书研究的出发点

国内外学者关于贸易与环境的探讨为本书的研究提供了重要的启

[①] Annex B 国家（即《联合国气候变化框架公约》中的 Annex Ⅰ 国家）指京都议定书附件 2 中包括的缔约方，包括美国、澳大利亚、加拿大、欧盟、日本、新西兰和俄罗斯等 41 个国家和组织，除此之外的其他国家均被归为 Non - Annex B 类，详见第三章。

示：理论上，贸易主要通过规模效应、结构效应和技术效应三个方面对环境产生影响，影响的大小及总效应的正负取决于上述三种效应力量的权衡与对比；学者们经常将贸易的环境效益与环境的库兹涅茨曲线联系在一起进行研究，并得出在开放条件下人均收入与环境污染之间呈现出一种倒"U"型的关系，即环境质量随着人均收入的增加呈现出先恶化后改善的趋势；国家间环境管制政策的差异对于贸易模式及贸易流动产生了一定的影响，进而影响到贸易的环境效应。随着低碳经济发展模式的提出，国际社会对于贸易与碳排放关系的关注加大，现有的研究成果逐渐出现一些不足。

首先，从理论上来看，现有的文献对于贸易与环境问题的探讨大多是以整体的环境污染为分析对象的，没有区分具体的污染来源。不同的污染来源具有不同的特征，如固体污染和水污染的地域性特征很强，而碳排放污染则具有明显全球扩散的特征，这一全球性特征决定了对于出口贸易的碳排放效应研究应该格外关注国家间在应对碳排放问题上的相互影响及约束。

其次，尽管理论分析认为环境管制政策对于贸易的环境效应存在一定的影响，而且国家间环境管制政策的差异也将会通过贸易渠道对环境产生影响，但是很少有学者将环境管制因素纳入实证模型中进行检验，以碳排放数据进行检验的研究更是少见。随着低碳经济发展理念在全球范围内的迅速扩散，各国陆续推出多种碳排放管制措施，这些管制措施会对贸易的碳排放效应产生影响，进而关系到各国的贸易利益及环境利益。如何衡量上述影响并进而对碳排放管制措施进行评价将成为一项重要的研究议题。

基于上述两点考虑，本书将以碳排放为专门的研究对象，从理论角度系统而全面地考察碳排放的全球公共污染品特征，探讨国内外碳排放管制政策对于一国贸易碳排放效应的影响，同时从实证角度逐步纳入国内外碳排放管制因素考察出口贸易碳排放效应的变化，进而为政策的评价以及政策的优化提供经验证据。

第三章　各国碳排放管制政策及
国际合作现状分析

根据内生的环境政策理论，一国的环境管制力度取决于该国的经济发展水平。一般而言，发达国家因经济发展水平较高而有能力采取严格的碳排放管制措施，而发展中国家偏重于经济发展速度与发展水平，在制定碳排放管制政策时更关注短期的经济效应。本章首先将会对美国、欧盟、日本、韩国、中国以及其他一些国家的碳排放管制政策进行分析，通过对比得出目前中国在碳排放管制力度方面与发达国家存在一定的差距。由于碳排放具有全球公共污染品的特征，因此治理碳排放需要在国际合作机制下进行，本章同时介绍了目前有关碳排放管制政策国家合作谈判的发展历程及目前所面临的问题，以及在此过程中中国所处的地位和遇到的挑战。

第一节　管制国家的分类

在分析碳排放管制政策影响出口贸易碳排放效应之前，首先要对不同管制类型的国家进行区分，即根据碳排放管制力度的大小将国家分为管制力度较大的国家与管制力度较小的国家。考虑到发达国家与发展中国家的历史排放责任以及经济发展水平，《联合国气候变化框架公约》与《京都议定书》遵循"共同但有区别的责任"的原则，要求作为温室气体排放大户的发达国家采取具体措施限制二氧化碳等温室气体的排放，并做出减排承诺，而发展中国家则不需要承担具有法律约束力的温室气体限控义务。本书依照《京都议定书》的有关

条款，将其《联合国气候变化框架公约》附件 I 所提及的缔约方
（简称 Annex I 国家）认定为碳排放管制力度较大的国家，这些国家
中的绝大多数都在议定书的第一承诺期（2008—2012 年）中对温室
气体的排放做出了量化的限制或减少排放的承诺，具体包括澳大利
亚、奥地利、比利时、保加利亚、加拿大、克罗地亚、捷克、丹麦、
爱沙尼亚、芬兰、法国、德国、希腊、匈牙利、冰岛、爱尔兰、意大
利、日本、拉脱维亚、列支敦士登、立陶宛、卢森堡、摩纳哥、荷
兰、新西兰、挪威、波兰、葡萄牙、罗马尼亚、俄罗斯、斯洛伐克、
斯洛文尼亚、西班牙、瑞典、瑞士、乌克兰、英国、美国、白俄罗
斯、马耳他、土耳其共计 41 个国家①。同时韩国近几年来采取了非常
积极的减少碳排放的措施，因此也将韩国列入碳排放管制力度较大的国
家范围。除了上述国家之外，将包括中国在内的广大发展中国家认定为
碳排放管制政策相对较弱的国家，下文将分别对一些国家的碳排放管制
政策进行分析。

第二节　各国的碳排放管制政策分析

环境管制政策主要分为三种类型，第一是"命令控制"式的管制
政策，大多事先制定统一的排放标准，要求每一排放污染源必须低于
该排放标准，这种行政性的管制政策忽略了各污染源的边际排放减量
成本的差异化特征，因而会造成管制成本高且无效率（康文尚等，
2008）。从 20 世纪 70 年代开始，一些国家逐步以经济性的管制措施
代替命令式的行政管制措施。由于碳排放是社会活动外部不经济的体
现，是一种"公共负产品"，从经济学角度解决这一问题有两条途
径。第一条途径源于庇古提出的征税主张，根据边际净私人产品与边
际净社会产品之间的差额征收一种碳排放税（简称碳税），使得外部

---

① 尽管美国、加拿大宣布退出京都议定书，但为了保持数据的平稳性，依然将这些国
家列入考察的样本。此外 OECD 数据库缺乏对于中国与摩纳哥、乌克兰和列支敦士登三国的
贸易数据统计。

成本内部化，以达到控制污染排放的目的。第二条途径来源于科斯的所有权思想，可以通过明确地界定排放权，实现外部成本内部化，只要明确和保障产权，利益相关者可以通过建立碳排放交易体系最终实现减少碳排放的目的。碳排放交易体系是专门针对二氧化碳排放的交易形式，在该交易体系下，政府首先需要对某一时期的碳排放总量设定一个上限额，然后将这一限额以排放许可的方式分配或出售给企业，排放许可意味着企业有权排放特定数量的二氧化碳或者在特定排放数量内不被收费。这一体系要求企业严格执行排放许可的数量，由于该许可是可以自由交易的，若企业的排放量超过许可量，则可以从那些许可剩余的企业手中购买，但全社会最终的排放总量不能超过排放许可的上限额。

自从 2006 年英国首次建立碳足迹标签制度以来，目前世界上有许多国家已经建立或正在建立碳足迹标签认证体系。关于碳足迹概念的讨论来源于生态足迹（Ecological Footprint）。产品的碳足迹标签（Carbon Footprint Label，CFP）是将产品在生产、运输、使用及报废等全生命周期过程中排放的各种温室气体转化为二氧化碳当量，并将其在包装上予以标识，其目的是通过对公众消费选择的引导以及对企业低碳生产模式转变的鼓励，最终实现全球温室气体的减少，见图 3-1 的示例。与行政命令措施以及经济性的管制措施不同，碳足迹标签认证机制是基于自愿参与的基础之上的，需要同时调动生产厂商与消费者双方的积极性。目前世界上主要国家采取的碳排放管制措施见表 3-1。

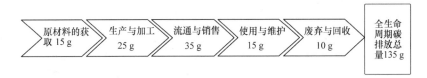

图 3-1　产品碳足迹示例图

资料来源：作者绘制。

表 3 - 1　　　　　　　　各国（地区）碳排放管制政策一览表

国家（地区）		碳排放管制政策	已实施/试点中/研究中
欧州国家	丹麦、芬兰、德国、爱尔兰、意大利、挪威、荷兰、瑞士、瑞典、英国	能源税（碳税）	已实施
	所有欧盟国家	泛欧洲最小污染许可碳税	研究中
	奥地利、比利时、克罗地亚、塞浦路斯、捷克、丹麦、爱沙尼亚、芬兰、法国、德国、希腊、匈牙利、爱尔兰、意大利、拉脱维亚、立陶宛、卢森堡、马耳他、荷兰、波兰、葡萄牙、罗马尼亚、斯洛文尼亚、斯洛伐克、西班牙、瑞典、英国	欧盟排放交易体系（EU ETS）	已实施
	英国、德国、法国、瑞典、瑞士	碳足迹标签认证	已实施
	挪威、爱尔兰、冰岛、列支敦士登	与 EU ETS 相联	已实施
	瑞士	瑞士排放交易机制，计划与 EU ETS 相连	已实施
	白俄罗斯	排放交易机制	研究中
大洋洲国家	新西兰	排放交易机制	已实施
	澳大利亚	固定价格的碳税	已实施
		排放交易机制	已实施
美洲国家	美国科罗拉多州、加利福尼亚州以及马里兰州	碳税	已实施
	美国康涅狄格州、特拉华州、缅因州、新罕布什尔州、纽约、佛蒙特州、马萨诸塞州、罗得岛州和马里兰州	区域温室气体减排行动（RGGI）	已实施
	美国加利福尼亚州	排放交易机制	已实施
		碳足迹标签认证	研究中
	加拿大魁北克省	排放交易机制	已实施

续表

国家（地区）		碳排放管制政策	已实施/试点中/研究中
亚洲国家	哈萨克斯坦	排放交易机制	试点
	中国	在一些城市试点排放交易机制	试点
		在一些城市试点低碳认证	试点
	韩国	排放交易机制	研究中
		碳足迹标签认证	已实施
	日本	东京都市排放交易机制、琦玉地方排放交易机制	已实施
		碳足迹标签认证	已实施
	印度	碳税	已实施

资料来源：作者根据有关资料整理。

一 美国的碳排放管制政策

（一）碳排放交易机制

美国的排放交易主要包括三种类型：首先是减排信用交易（Reduction Credit Trading），排放削减的信用必须在交易前进行认证；其次是排放率平均（Emission Rate Averaging），根据一套平均的排放率自动地认证排放削减的信用；最后是总量限制与交易机制（Cap – and – Trade Scheme），事先设定一个总的排放额，然后将排放额分配给符合条件的经济实体，各经济实体可以对分配的排放许可进行交易[①]，最后一种排放交易方式应用得最为广泛。从 20 世纪 70 年代起，美国就意识到以"命令控制"式的行政管制方式治理污染具有较高的成本，于是在 20 世纪 70 年代末，美国环境保护署（Environmental Protection Agency，

---

① See Ellerman, A. D. , Joskow, P. L. , "Emissions Trading in the US – Experience, Lessons, and Considerations for Greenhouse Gases. " Prepared for the Pew Center on Global Climate Change, 2003.

EPA）就开始了排放交易的实践，后来 80 年代发展到铅排放交易项目，90 年代应用于防治电力行业二氧化硫排放的酸雨项目。20 世纪末《联合国气候变化框架公约》以及《京都议定书》的达成增加了美国对于二氧化碳排放的关注，促使其考虑将二氧化碳纳入排放交易的范围中。2007 年美国国会通过了《2007 年美国气候安全法案》（S. 2191）[①]，提出要在美国建立强制性的且覆盖广大国民经济领域的总量控制和排放交易体系，将温室气体排放总量超过 10000 吨二氧化碳当量的企业纳入受控范围，预计将覆盖美国温室气体排放总量的 75%，实现温室气体到 2020 年与 2050 年分别比 2005 年下降 15% 与 63% 的目标。2009 年美国国会通过《美国清洁能源与安全法案》（H. R. 2454）[②]，该法案也提出要建立一个总量与交易体系，时间跨度从 2012 年到 2050 年，预计到 2020 年二氧化碳等温室气体的排放相比于 2005 年下降 17% 左右，而到 2050 年这一比例将会达到 83%，但是该法案并未给出总量控制和排放交易机制的具体实施方案。

尽管美国尚未在国家层面上建立统一的总量控制和排放交易机制，但是部分州已经展开了相关的工作。2003 年美国的特拉华、新泽西、纽约、康涅狄格、佛蒙特、新罕布什尔州以及缅因 7 个州发起"区域温室气体减排行动"（Regional Greenhouse Gas Initiative，RGGI），旨在为各成员方建立起降低二氧化碳排放的总量限制和交易机制，从 2008 年起对碳排放许可进行拍卖，并于 2009 年 1 月开始进入具体的实施环节。从实施效果上来看，RGGI 项目是非常成功的，2012 年项目覆盖下的二氧化碳排放总量为 9100 万吨，远远低于项目允许的排放量。加利福尼亚州也是较早地建立碳排放交易机制的地区，2006 年该州的空气资源委员会批准了总量控制和排放交易计划，对区域内 2013—2020 年的累积排放量设置总量控制，2013 年二氧化碳排放上限设定为 1.6 亿吨（邢佰英，2012）。2011 年加利福尼亚州成为美国第一个通过二氧化碳排放总量限制和交易法规的州，该法规分两个阶段实施，第一个阶段

---

① 该法案是由美国参议员约瑟夫·利伯曼和约翰·华纳（Joseph Lieberman & John Warner）正式提出的，因此也被称为利伯曼 – 华纳（Lieberman – Warner）法案。

② 又称韦克斯曼 – 马基（Waxman – Markey）法案。

从 2013 年到 2015 年，第二个阶段从 2015 年到 2020 年，并设定了到 2020 年加州的二氧化碳排放量降至 1990 年水平的目标。

（二）边境调节碳税

美国政府认为，如果单方面地强化碳排放管制政策，而其他国家并未采取相应的措施，将会减弱美国产品在国内外市场上的竞争力，为了保证国内外产品承担同样的管制成本，要对进出口产品实行边境调节。国会通过的 S. 1766 法案、S. 3036 法案、HR. 6186 法案、HR. 6316 法案和 HR. 2454 法案均提及这种边境调节措施。"边境调节碳税"违背了《联合国气候变化框架公约》及《京都议定书》制定的发达国家与发展中国家在降低二氧化碳等温室气体排放以及应对气候变化方面"共同但有区别责任"原则[①]，在全球竞争的压力下可能演变为一种碳关税，违反 WTO 自由竞争、最惠国待遇与国民待遇的原则，从而将扰乱国际贸易秩序，扭曲国际竞争环境，同时也威胁到中国等发展中国家的出口贸易及经济发展。

（三）加大研发和采用清洁能源以及低碳技术

目前全球二氧化碳排放主要来源于化石能源的燃烧，《美国清洁能源安全法案》提出通过减少化石能源的使用，增加清洁能源的使用来降低美国的二氧化碳排放，要求到 2020 年可再生能源的发电量占到总发电量的 20%。通过建立 1500 亿美元的"清洁能源研发基金"，鼓励低碳技术与可替代能源的研发，例如增加乙醇燃料、混合燃料动力汽车的研发投入以及扩大风能、太阳能发电的比重，逐步降低能源消耗，提高能源的使用效率。同时该法案还提出要使美国逐步降低对于进口能源的依赖度，预计到 2030 年，石油消费量降低 35%，而进口依存度将从 2007 年的 58% 降低至 41%。此外，美国政府还比较重视碳捕获与碳封存技术的研发，《美国清洁能源法案》中建议投资 600 亿美元用于碳捕获及碳封存技术的开发，同时在 2009 年经济恢复与再投资计划中列出 34 亿美元开展相关的研究。[②]

---

①　关于"共同但有区别责任"原则见本章第三节。
②　《美国清洁能源安全法案》（H. R. 2454）详见美国国会预算局网站，http：//www.cbo.gov/。

（四）碳足迹标签认证

2008 年加利福尼亚州议员罗斯金提交"碳标签法案"（Carbon Labeling Act of 2008），建议该州空气资源委员会研究并实施碳足迹标签认证制度，对产品在制造、运输和销售等过程中的二氧化碳排放进行计算和评估，并通过标签的方式显示在产品的包装上，以便于消费者在购买时做出选择，见图 3 - 2。从 2009 年起，在加利福尼亚销售的所有汽车均被建议贴上二氧化碳排放标签，这种自愿性的认证行为可以引导厂商和消费者降低碳排放。[①]

图 3 - 2　美国碳足迹标签示意图

资料来源：美国政府网站。

二　欧盟的碳排放管制政策

（一）碳排放交易体系

2003 年欧洲议会和欧盟部长理事会共同发布了第 87 号指令（Directive 2003/87/EC），决定建立欧盟排放交易体系（European Union Emissions Trading System，EU ETS），并于 2005 年开始实施[②]。截至 2013 年 1 月，欧盟排放交易体系覆盖了 31 个国家的 11000 个工厂、发电站以及其他设施，占到整个欧盟二氧化碳排放总量的一半以上，是目前世界上规模最大的国际温室气体交易体系，也是欧盟应对气候变化以及实践碳排放管制的主要手段。EU ETS 是建立在总量限制和排放交易（Cap - and Trade）基础之上的，首先设定二氧化碳等温室气体排放的

[①]　详见加利福尼亚立法委员会网站，http://leginfo. legislature. ca. gov/。

[②]　该指令见 http://www. leginfo. ca. gov/pub/09 - 10/bill/asm/ab_ 0001 - 0050/ab_ 19_ bill_ 20081201_ introduced. pdf。

总量，然后通过拍卖或者免费提供的方式将排放许可分配给不同的主体，各主体必须定期监测与报告碳排放量，并可对排放许可进行交易，从而保证该体系在没有过多政府干预的前提下以最小的成本有效地降低碳排放。自 2005 年开始，EU ETS 共分为两个实施阶段，第一时期为 2005—2007 年，该试验时期的排放许可是免费分配的，导致了许可分配不合理的现象发生，某些排放实体分配到的排放额度远远大于其实际排放的数量。到了 2008—2012 年的第二实施期，欧盟开始引入配额有偿分配机制，将配额总量中的一部分拿出来以拍卖方式进行分配。从 2013 年起，EU ETS 将开始第三个实施阶段，与前两阶段不同的是，首先将会在整个欧盟范围内制定一个总的排放量，而并非先前 27 个国家排放量的加总；其次确定拍卖将是分配排放许可的默认方式，2013 年超过 40% 的许可将会被拍卖，且这一比例将会逐年提高。EU ETS 是全球实施的第一个跨国温室气体排放交易机制，也是第一个与《京都议定书》的联合履约机制（JI）与清洁发展机制（CDM）等原则相联系的排放交易机制[①]，覆盖的范围最为广泛，其实施效果直接决定着全球温室气体减排的效果与进展。目前 EU ETS 在实施过程中遇到一些问题，其操作机制需进一步完善。

（二）碳足迹标签认证

早在 2006 年，英国便提出要发起碳足迹标签认证行动，研究计算与评价碳足迹的方法。从 2007 年开始，英国碳信托（Carbon Trust）公司推出全球第一批带有碳足迹标签的产品，涉及多种产品门类。2008 年 10 月，英国标准协会发布了世界上第一个产品碳足迹方法标准《PAS 2050：2008 商品和服务生命周期温室气体排放评价规范》，该规范建立在生命周期评价方法基础之上，是目前世界上应用最为广泛的方法。继英国之后，欧盟的其他一些国家也相继开展了碳足迹标签认证行动。瑞士从 2008 年发起了碳足迹标签的认证，与英国的标签不同，瑞士的标签并未指示特定产品的碳足迹，而是相比于同类产品标识明显的低碳收费。法国从 2011 年 6 月 1 日起启动碳足迹标签认证的试点项目，将覆盖 168 个企业将近 1000 种产品，试点项目的周期约为一年，并在

---

① 关于《京都议定书》的 JI 与 CDM 等机制，详见本章第三节的解释。

结束时进行相应的评估。此外法国、德国、瑞典等国家也开展了碳足迹标签的认证活动，各国的碳足迹标签见图 3-3。

英国　　　　　　瑞士　　　　　　　德国　　　　　　法国

图 3-3　欧盟部分国家碳足迹标签示意图

资料来源：上述各国政府网站。

（三）将航空业纳入碳排放交易体系中

2008 年欧盟议会与欧盟理事会联合发布第 101 号指令（Directive 2008/101/EC），拟将航空业纳入 EU ETS 之中①。2011 年 3 月，欧盟宣布将从 2012 年 1 月 1 日起开始实施航空业碳排放交易机制，对于拒绝参与该机制的航空公司采取惩罚性措施，如对于超过规定限额的排放处以每吨 100 欧元的罚款以及在欧盟境内禁飞。该指令涉及 4000 余家经营欧盟航线的欧盟内部以及外部的航空公司，一经发布立即遭到世界上许多国家的强烈反对，2011 年 2 月，包括中国、俄罗斯、美国、日本在内的全球 29 个国家发表联合宣言，提出反对欧盟单方面将航空业纳入排放交易体系的决定。在多国的压力下，欧盟通过投票通过了暂停将外国航空公司纳入 EU ETS 的提案，暂缓期为一年。欧盟单方面地强行将航空业纳入排放交易体系的做法也是违反了"共同但有区别责任"的原则，是在后经济危机时期以环境政策代替经济政策的一种贸易保护行为。

三　日本与韩国的碳排放管制政策

日本是较早实践低碳经济的国家，早在 20 世纪六七十年代，日本就针对经济的高速发展所产生的环境问题制定了一系列的法律。在 21

---

① 该指令见 http://eur-lex.europa.eu/LexUriServ/LexUriServ.do? uri = OJ: L: 2009: 008: 0003: 0021: EN: PDF。

世纪经济复苏的过程中，日本更加注重协调经济增长与气候、资源和环境之间的关系，将"引领世界二氧化碳低排放革命"列入经济增长规划三大支柱之一，希望通过培育低碳产业拉动经济增长。2007 年 12 月，日本政府发布一份《建立低碳社会》的草案①，确定了低碳社会的发展与技术的创新是实现 2050 年全球碳排放减半的两个关键要素。2008 年 7 月 29 日，日本内阁通过了一份《低碳社会行动计划》决议，提出为了明确产品或服务在整个生命周期中的碳排放，要建立碳足迹标签制度，同时建议日本要积极地与国际标准化组织等机构合作，共同促进碳足迹标签制度的国际标准化②。随后日本积极地开展了为期 3 年的试点活动，并在实践中逐步建立起以政府部门为指导、研究团体协同配合、企业与消费者积极参与的完善的碳足迹标签认证体系。

韩国于 2008 年 5 月 19 日召开公共听证会，决定开展碳足迹标签制度的研究计划，通过选择出具有代表性的 10 类产品，发起了为期 9 个月的试点项目，并在此基础上建立起以企业与消费者为中心、由韩国环境部主管以及韩国环境产业与技术机构和韩国环境保护协会具体实施的碳足迹标签认证体系。2010 年 4 月正式生效的《低碳绿色增长法案》，为碳足迹标签制度的进一步实施提供了法律支持，根据该法案，韩国每年至少 2% 的国内生产总值将被强制性地用于低碳生产与低碳消费。日韩两国建立碳足迹标签认证体系主要具有以下特点。

（一）建立完善的碳足迹标签认证体系

为了有效地开展认证活动，日本建立起完善的碳足迹标签认证体系。该体系大致包括 6 部分，第 1 部分主要负责整个 CFP 试点项目的执行管理，由 CFP 试点项目指导委员会领导；第 2 部分是关于 CFP 体系规则的研究，由 CFP 规则研究委员会和证明机制委员会等机构主管；体系的第 3 部分主要包括产品类别规则（Product Category Rules，PCR）草案的制定、PCR 的批准以及对认证产品的检验等，由 PCR 批准委员会与 CFP 检验小组等机构负责；第 4 部分主要负责对 CFP 项目进行支持与维护；第 5 部

---

① 见日本环境省《低炭素社会づくりに向けて》，http：//www.env.go.jp/council/06earth/y060 – 71/mat01 – 1.pdf。

② 见日本内阁府《低炭素社会づくり行動計画》，http：//www.kantei.go.jp/jp/singi/teitanso。

分包括 CFP 计算工具的改进与数据库的管理，例如成立专门的团队从事 CFP 计算器的研究与改进，详见表 3-2。

表 3-2　　　　　　　　　日本碳足迹标签认证体系

体系内容	负责机构或具体行动
整个 CFP 试点项目的执行管理 CFP 体系规则的研究	CFP 试点项目指导委员会 CFP 规则研究委员会 证明机制委员会 证明机制的检验证明
CFP 计算与标签试点项目	PCR 发展计划草案的记录 PCR 的批准（PCR 事先巡视，PCR 批准委员会） CFP 的证明（CFP 事先证明，CFP 证明小组）
CFP 介绍支持项目	支持 PCR 草案的发展 支持 CFP 计算
CFP 计算工具与数据的改进	例如 CFP 计算器等工具的研究与改进 CFP 计算必要的参考数据的管理
增加 CFP 意识的努力	CFP 联络组织 CFP 联络会议 （在 CFP 网站上）为企业和消费者提供信息 环境产品交易会 促进消费者对于 CFP 的了解

资料来源：日本经济产业省碳足迹网站，www. cfp - japan. jp/english/。

此外，为了合理地计算 CFP，必须获取一些基本的数据资料，截至 2010 年 9 月，经济产业省已为参与者提供了超过 800 份的单位数据，涵盖农业、林业、渔业、矿业、食品、化学、石油工业、制陶术、机械、效能供给、交通等各方面。该体系的最后一部分是致力于培养公众的碳足迹标签意识，包括利用网站等媒体发布信息、举办环境产品交易会、对相关人群进行培训教育等。

韩国的碳足迹标签认证体系也较为完善，见图 3-4。在该体系下，总委员会即韩国环境部委托环境产业与技术机构开展具体的碳足迹标签认证活动，同时对企业与消费者进行教育及培训，并根据两者的反馈意见及时地修订认证体系。环境产业与技术机构在环境部的授权下制定产品类别规则，并将其作为申请认证的指导方针提供给企业与消费者，企业与消费者在实际的认证活动中可以对产品类别规则提出修改意见。在达到政府规定的碳排放标准后，企业可以向环境产业与技术机构提出认证申请，后者按照一定的程序对申请进行审核批准并授予使用碳足迹标签。此外，为了对认证结果进行评价，韩国环境保护协会制定了认证评价标准，并定期向企业与消费者提供详细资料。同时为了保证基础数据的有效获取，韩国相关部门建立起了国家生命周期盘查数据库。

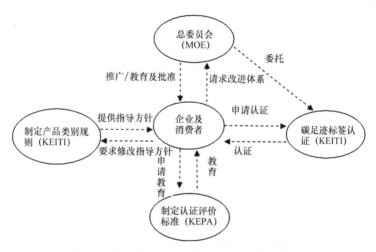

图 3 - 4 韩国的碳足迹标签认证体系结构示意图

注：MOE：Ministry of Environment，韩国环境部；KEITI：Korea Environmental Industry &Technology Institute，韩国环境产业与技术机构；KEPA：Korea Environment Preservation Association，韩国环境保护协会。

资料来源：韩国环境产业与技术机构网站，http：//www.edp.or.kr/。

（二）出台一系列指导性的文件

碳足迹标签认证活动的开展需要出台一系列文件进行指导、规范及约束。在 ISO 系列国际标准的基础上，日本政府为 CFP 试点项目出台了两项指导性文件，即《碳足迹产品的指导路线》与《建立产品类别规则的指导》（下面分别称《指导路线》与《指导》），前者为二氧化碳排放的计算与交流等内容提供了基本的框架，后者作为指导路线的补充文件提供了建立产品类别规则的原则、标准以及步骤。随后，日本政府根据《指导路线》以及《指导》分别制定了四份规范文件，依次是：《TSQ0010 产品碳足迹评价与标签通则》《PCR 发展计划草案的注册及 PCR 认证规则》《PCR 计算结果与标签方法的检验规则》与《碳足迹标签及其他信息展示的规范》。

为了指导碳足迹标签认证行动，韩国环境部依据第 2009—10 号通告制定了《碳足迹标签制度的指导方针》。该方针共分为 3 项条款，条款 1 阐明了文件出台的目的是用于计算产品在全生命周期中所产生的二氧化碳总量。条款 2 规定了不同类别产品碳足迹的计算原则，具体包括 3 套指导方针：第 1 套用于非用能型产品碳足迹的计算，第 2 套用于用能型产品的碳足迹的计算，第 3 套作为补充用于规范第 2 套指导方针中未涉及的用能型产品碳足迹的计算。条款 3 主要解释影响碳足迹标签制度的排放因素。

（三）开展试点项目

2008 年 4 月，日本经济产业省成立了"碳足迹标签制度实用化、普及化推动研究会"，着手研究碳足迹标签产品的试点项目。7 月份出台的《低碳社会行动计划》为试点项目提供了指导。8 月，经济产业省宣布日本将在 2009 年初推出碳足迹标签计划，并于 10 月公布了自愿申请碳足迹标签试点建议。2009 年 6 月，为期 3 年的全国试点项目开始实施。同年，日本经济产业省制定了一系列的指导性文件，同时发布碳足迹评价标准以及产品类别认证规则。2010 年是日本碳足迹标签试点项目的第二年，经济产业省根据上一年的经验修订了基本规则，许多有关试点项目的委员会随之建立，并发起了一系列的活动。2011 年是试点项目的最后一年，日本将进行全面的总结并公布正式的碳足迹标签制度。

韩国紧随日本的步伐于 2008 年开展了碳足迹标签试点项目，并为该项目选出 10 类试点产品，涉及航空公司、电子产品、家用电器、饮料、清洁用品等众多门类。2008 年 7 月韩国政府开始对参加试点的企业进行培训教育，同时对 10 类商品进行试点认证。韩国的碳足迹标签试点项目周期较短，截止日期为 2008 年 12 月，随后相关部门对试点结果进行总结评价并于 2009 年 3 月发布了《碳足迹标签制度的指导方针》，标志碳足迹标签制度在韩国的正式实施。

（四）设计恰当的碳足迹标签

通过向社会公开征集，日本从 515 份设计作品中挑选出现行的碳足迹标签，该标签采用黑、白、天蓝、淡蓝四种颜色，简单清晰，易于接受，见图 3-5。在内容方面一般包括必需信息、标语、访问信息和补充信息四部分，其中必需信息是该标签的主体部分，主要包括标签图画及产品碳足迹数值，其中图画部分由黑色底板以及白色 CO_2 组成，碳足迹数值要标记在数值输入栏中；标语部分指 "CO_2 の「見える化」カーボンフットプリント"，意思是通过碳足迹可以清晰地了解到产品的二氧化碳排放；访问信息部分包括查询该产品碳足迹详细信息的网址以及产品的检验证号等内容；信息补充部分用于补充除上述三部分以外的其他内容，如产品从原材料获取到废弃回收等各个生命周期阶段的碳排放、回收的间接影响等。图 3-5 只是日本众多碳足迹标签样式中的一种，在具体的认证过程中可以对相关内容进行调整，如中间产品的碳足迹标签就可以将必需信息部分的图画换成文字，另外一些产品的标签无须标明碳足迹数值，只需记载与自身或与其他产品相比的减排比率即可。

图 3-5　日本碳足迹标签示意图

资料来源：根据日本经济产业省网站《カーボンフットプリントマーク等の仕様》等文件制作，http://www.cfp-japan.jp/。

　　韩国的碳足迹标签分为两种，代表着低碳产品认证的两个阶段，第一种是"碳排放认证"，用于确定产品的碳足迹并可作为产品碳排放的基准线；第二种是"低碳认证"，表明当产品的温室气体排放达到政府规定的最低减排目标时，将会被认证为低碳产品，其中"碳排放认证"是"低碳认证"的前提。在颜色方面，韩国的碳足迹标签则采用黑、绿、白、蓝四种颜色，对比鲜明，比较容易引起关注，见图3-6。

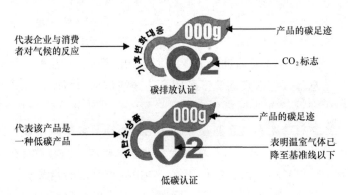

代表企业与消费者对气候的反应　→　产品的碳足迹

→　CO₂标志

碳排放认证

代表该产品是一种低碳产品　→　产品的碳足迹

表明温室气体已降至基准线以下

低碳认证

图3-6　韩国碳足迹标签示意图

资料来源：韩国环境产业与技术机构网站，http://www.edp.or.kr/。

（五）企业的积极参与

　　碳足迹标签制度的建立离不开企业的主动参与，在相关部门的引导下，日韩两国的企业积极地申请使用碳足迹标签，为产品在国内外市场上获得更大的竞争优势。在日本，申请企业首先需要向主管部门提交注册申请，同时根据产品的类别计算碳足迹并将其提交给评判委员会，委员会认定合格后授予该产品官方的碳足迹标签。从2010年2月1日起，第一批带有碳足迹标签的产品开始在日本上架销售，截至2011年9月，日本国内共有345件产品被授权使用碳足迹标签，涉及食品、服装、化工、农产品、造纸、瓷器、机械等多个领域。

　　韩国的碳足迹标签制度与日本大致相同，不具有强制性。企业在申请时需要提交碳足迹标签认证申请书以及碳排放削减计划等文件。不同类别产品的申请流程存在差别，非用能型产品获得碳足迹标签相对容易，而用能型产品的申请程序则更复杂。截至2011年9月，韩国环境

产业技术研究所网站上共公布了 427 件获得碳足迹标签的产品，其中非
耐用消费品的数量最多，共有 232 种，代表性产品如乐天七星饮料、爱
茉莉化妆品等；用能型耐用消费品 98 种，如三星电器、起亚汽车等；
非用能型耐用消费品 16 种，如乐扣乐扣（Lock&Lock）；另外还有生产
资料类产品 66 种，如卡伦工业公司、锦湖轮胎等企业的产品；服务类
产品 13 种，如韩国铁道公司、韩亚航空等。[①]

　　除了建立碳足迹标签认证制度之外，日本与韩国还积极地开展碳排
放交易活动，目前日本已经在东京建立都市碳排放交易机制，并且在琦
玉县建立地方碳排放交易机制。韩国也于 2012 年批准建立碳排放交易
机制，目前处于研究阶段，预计将于 2015 年开始实施。

四　中国的碳排放管制政策

（一）命令控制式的管制措施

　　近些年来，受国内大气环境的约束与国外温室气体减排的压力，中国
对于二氧化碳排放的关注加大，为此提出了"到 2020 年单位 GDP 的 CO_2 排
放比 2005 年下降 40%—45%"的减排目标，中华人民共和国国民经济和社
会发展第十二个五年（2011—2015 年）规划纲要同时确立了"到 2015 年，
单位 GDP CO_2 排放比 2010 年下降 17%，单位 GDP 国内能耗比 2010 年下降
16%"的目标。实现这一目标需要对当前的碳排放实施管制，目前中国控
制二氧化碳等温室气体排放主要采取命令控制式的措施，通过颁布了《环
境保护法》《大气污染防治法》《可再生能源法》《排污许可证管理条例》
《中国应对气候变化国家方案》等一系列法律与条文对于大气污染物的治理
做出了详细的规定，鼓励可再生能源的开发与利用。推行节能减排，对于
高排放类行业，如电力、化工、煤炭、建材、石油石化、钢铁等行业实施
重点监督管理，关闭高耗能、高排放的小火电机组，淘汰落后生产技术、
工艺和装备，推广应用节能减排的技术、材料、工艺及产品，有些地方甚
至采取拉闸限电等方式降低二氧化碳等大气污染物的排放。

（二）试点碳排放交易机制

　　中华人民共和国国民经济和社会发展第十二个五年（2011—2015

---

① 参见韩国环境产业技术研究所网站，http：//www.edp.or.kr/。

年）规划纲要中明确提出要逐步建立碳排放交易市场，运用市场机制实现二氧化碳等温室气体的削减："大幅度降低能源消耗强度和二氧化碳排放强度，有效控制温室气体排放。……探索建立低碳产品标准、标识和认证制度，建立完善温室气体排放统计核算制度，逐步建立碳排放交易市场。推进低碳试点示范。"[①] 2011 年 10 月，国家发展和改革委员会发布文件同意开展二氧化碳排放权交易试点工作，2012 年 1 月份确定率先在北京、天津、上海、重庆、广东、湖北、深圳开展二氧化碳排放权交易的试点项目，要求试点地区建立二氧化碳排放权交易监管体系和登记注册系统，测算并确定本地区温室气体排放总量控制目标，培育和建设交易平台。同年 6 月，国家发展和改革委员会出台了《温室气体自愿减排交易管理暂行办法》，对国内开展的一些自愿减排交易活动的项目管理、减排量、减排量交易、审定与核证等内容进行了详细的规定，为逐步建立总量控制下二氧化碳排放权交易市场奠定技术和规则基础。从试点情况来看，目前遇到的主要问题是无法明确地掌握二氧化碳等温室气体的排放数据，这一方面是技术层面的原因，另一方面是交易机制存在缺陷，因此需要进一步完善。

（三）未明确征收碳税的具体时间表

早在 2008 年 7 月财政部就成立了专项课题组，研究中国开征碳税的可能性，并于 2010 年发布了《中国碳税税制框架设计》的专题报告，该报告指出预计将在 2012—2013 年开征碳税，2014 年以后开征环境税。尽管国内对于征收碳税的呼声较高，但是直至目前，国内尚未给出征收碳税的具体时间表，碳税征收的一个主要问题在于税基的确定。2013 年财政部提出要积极推进环境税费改革，将现行排污收费改为环境保护收费，并将二氧化碳排放纳入征收范围，征收机关由环境保护部门改为地方税收机关[②]，但是仍未给出征收碳税的具体时间。

（四）启动低碳认证制度

2010 年 9 月 9 日国家发展和改革委员会与国家认证认可监督管理

---

① 参见中华人民共和国国民经济和社会发展第十二个五年规划纲要第六编第二十一章第一节的内容。

② 参见贾谌《学习贯彻党的十八大精神，加快推进税制改革》，http：//www.mof.gov.cn/zhengwuxinxi/diaochayanjiu/201302/t20130218_ 733573. html。

委员会联合召开了"应对气候变化专项课题——我国低碳认证制度建立研究"启动会暨第一次工作会议，标志着我国低碳认证制度研究的全面启动。2013 年 2 月 18 日，国家发展和改革委员会与国家认证认可监督管理委员会共同制定了《低碳产品认证管理暂行办法》，根据该办法，中国将建立统一的低碳产品认证制度，实施统一的低碳产品目录、技术规范、认证规则、认证标志。同时规定了从事低碳产品认证机构与人员的能力评价，明确了实施程序与监督管理要求。目前低碳产品认证的试点工作已经在广东、重庆和湖北三省市全面展开。[①]

五　其他国家的碳排放管制政策

后经济危机时代，低碳经济有可能成为继 IT 革命后拉动经济增长的新的引擎，世界各国逐渐意识到低碳产业有望成为未来国际竞争的焦点，除了上述国家之外，世界上其他一些国家也加大了对于二氧化碳等温室气体的控制力度，通过发展低碳产业寻求新的经济增长点。新西兰在 2008 年建立了排放交易机制，并于 2012 年 7 月 1 日正式启动，覆盖了国内一半的减排义务。澳大利亚也已经建立了排放交易机制，并于 2012 年宣布废除之前为碳排放交易体系设定的最低交易价，并正式加入 EU ETS，从而确保了澳大利亚的碳排放企业有权从国际市场上最多购买相当于其排放量一半的排放许可额度，同时澳大利亚已于 2012 年 7 月起对采矿业、交通、能源等几大行业的 500 余家大型企业开征碳税。此外，发展中国家也积极利用市场机制降低二氧化碳排放，例如，哈萨克斯坦已经建立了碳排放交易机制，印度也从 2010 年 6 月 1 日起对本国生产及进口的每公吨煤炭征收 50 卢布（折合 1.07 美元）的国家碳税。

第三节　碳排放管制政策的国际合作

一　主要历程及取得的成果

早在 1896 年，瑞典科学家阿列纽斯（Arrhenius，1896）提出了温室效应定律，认为由于化石燃料的燃烧带来的二氧化碳排放将会引起全

---

① 《我国将建立统一低碳产品认证制度》，《国际商报》2013 年 3 月 26 日第 A6 版。

球变暖，但是直到 20 世纪 60 年代，大部分学者仍怀疑温室效应的真实性，认为海洋能够快速地吸收人类的碳排放。20 世纪 70 年代，随着科学研究的深入，温室效应逐渐被越来越多的人接受，各国对于碳排放的关注加大，1979 年在瑞士日内瓦召开的第一次世界气候大会上，二氧化碳等温室气体排放引起的气候变化第一次作为一个全球性问题被提上议事日程，从而开启了国际间有关温室气体减排的合作谈判之路。截至目前，有关国际气候变化以及二氧化碳等温室气体减排的国际合作谈判共经历了四个阶段。

（一）1990 年之前：国际合作谈判的初步发展

继 1979 年第一次世界气候大会之后，1983 年，联合国设立了世界环境与发展委员会，在全球范围内监测环境与发展的关系，国际间有关于气候变化的合作谈判陆续开展，如 1985 年的菲拉赫会议、1988 年的多伦多会议、1989 年的诺德维克会议和小岛国家海平面上升问题会议等，谈判机制逐步健全，成果越来越丰富。1987 年在布伦特兰（Brundtland）的推动下①，世界环境与发展委员会向联合国大会提交了一份题为《我们共同的未来》的报告，提出了可持续发展的设想，将气候变化纳入全球环境与发展问题之中。与此同时，一系列专门机构相继成立，例如 1985 年联合国环境规划署（UNEP）、世界气象组织（WMO）以及国际科学理事会（ICSU）联合成立了温室效应气体问题咨询小组（Advisory Group on Greenhouse Gases，AGGG），以便不定期地对二氧化碳等温室气体浓度进行检测，并对其影响进行评估。1988 年由世界气象组织和联合国环境规划署联合成立了政府间气候变化专门委员会（Intergovernmental Panel on Climate Change，IPCC），评估人类活动引起的气候变化以及这种变化的潜在影响，提供限制温室气体排放并缓解气候变化的选择性方案，定期出版评估报告，负责国家温室气体清单计划。1990 年 IPCC 发布了第一份评估报告指出，如果温室气体浓度稳定在 1990 年水平，则全球的二氧化碳排放需要降低 60% 左右。由于

_____

①　格罗·哈莱姆·布伦特兰（Gro Harlem Brundtland）（1939—），挪威历史上第一位女首相，1984 年被联合国秘书长任命为联合国环境与发展委员会主席，《我们共同的未来》报告也被称为《布伦特兰报告》。

温室气体排放与气候变化是一个全球性的问题，需要在国际范围内建立一个共同的约束机制，因此在 1990 年进行的第二次世界气候大会上，有关国家就呼吁建立一个气候变化框架公约，同年在联合国举行的第 45 届大会上决定设立政府间谈判委员会（Intergovernmental Negotiating Committee，INC），进行有关气候变化问题的国际公约谈判。该时期具体的活动内容见表 3 - 3。

表 3 - 3　　　　　　1990 年之前有关温室气体减排的国际合作谈判

年份	相关活动	主要内容
1979	第一次世界气候大会	通过了世界气候大会宣言，指出粮食、水源、能源、住房和健康等各方面均与气候有密切关系，要求各国有力地支持"世界气候计划"，减少气候变化对人类活动的负面影响
1985	菲拉赫会议	温室气体排放的上升将会带来全球气候变暖
1985	AGGG 成立	不定期地对二氧化碳等温室气体浓度进行检测，并对其影响进行评估
1987	布伦特兰报告提交	提出可持续性发展的概念，环境、能源和发展不可分割
1988	多伦多会议	气候变化问题相当严峻，到 2005 年发达国家的二氧化碳排放水平应当比 1988 年下降 20%
1988	IPCC 成立	作为一个政府间机构，向 UNEP 和 WMO 所有成员国开放，评估人类活动引起的气候变化以及这种变化的潜在影响，提供限制温室气体排放并缓解气候变化的选择性方案，定期出版评估报告，负责国家温室气体清单计划
1989	诺德维克会议	到 2000 年，发达国家的二氧化碳排放水平应当维持在 1990 年的水平之上，同时要对发展中国家提供援助
1989	小岛国家海平面上升问题会议	二氧化碳等温室气体排放引起的气候变化对于各国尤其是小岛国家的影响较大，通过《马累宣言》

续表

年份	相关活动	主要内容
1990	第二次世界气候大会	发达国家能够稳定能源部门的二氧化碳排放水平并且能够到 2005 年下降至少 20%，发达国家应当利用先进的技术。同时呼吁建立一个气候变化框架公约
	IPCC 第一份评估报告发布	如果温室气体浓度稳定在 1990 年水平，则全球的二氧化碳排放需要降低 60% 左右。如果不采取减排措施，则全球的温度到 2030 年将会平均提高 1℃
	一些国家确定减排目标	欧共体国家统一将二氧化碳排放水平到 2000 年固定在 1990 年水平上，澳大利亚决定到 2005 年相比于 1990 年二氧化碳排放水平降低 20%，日本决定到 2000 年的人均二氧化碳排放水平维持在 1990 年的水平之上，波兰和匈牙利也制定了相应的目标
	INC 成立	进行有关气候变化问题的国际公约谈判

资料来源：作者根据相关资料整理。

（二）1991—1996 年：《联合国气候变化框架公约》的签署与生效

1991 年冷战的结束为世界和平与合作带来了希望与可能，各国关注的焦点由政治体制的对峙转移到经济与社会发展问题上来，资源约束、环境恶化、气候变暖、经济与社会发展失调成为摆在众多国家面前的难题，各国对于气候与环境的关注也推动了气候变化的国际合作谈判，并取得了重大进展。首先，INC 经过 5 轮艰苦谈判，起草了《联合国气候变化框架公约》（简称《公约》），1992 年在巴西里约热内卢举行的联合国环境与发展大会上，153 个国家和区域一体化组织正式签署了该公约，并于 1994 年正式生效。《公约》的最终目标是将大气中二氧化碳等温室气体的浓度稳定在防止气候系统受到危险干扰的水平上，为此提出了 5 项原则：共同但有区别的责任原则、考虑发展中国家的具体需要和国情原则、预防性原则、尊重各缔约方的可持续发展权原则、加强国际合作，应对气候变化的措施不能成为国际贸易壁垒的原则。《公约》指出，在生效后要每年定期召开缔约方会议（Conference of Parties，COP），对促进温室气体减排等关键性问题进行商讨，自从

1995 年在德国柏林召开第一届缔约方会议（简称 COP1）以来，共举行了 18 次缔约方会议，期间通过了《京都议定书》《马拉喀什协议》《巴厘路线图》《哥本哈根协议》等一系列有关温室气体减排的文件，成为国际社会在应对全球气候变化问题上进行国际合作的最主要的平台，见表 3 - 4。《公约》同时将世界区分为发达国家（称为 Annex Ⅰ 国家）以及发展中国家（称为 non - Annex Ⅰ 国家），并提出了各国家集团的不同义务，例如，Annex Ⅰ 国家应当到 2000 年将二氧化碳等温室气体排放保持在 1990 年的水平之上。

表 3 - 4　　　　　　　　历届联合国气候变化框架公约缔约方会议

会议名称	时间与地点	主要议题
COP1	1995 年德国柏林	会议通过了《柏林授权书》等文件，同意就 2000 年后应该采取何种适当的行动来保护气候进行磋商，以期最迟于 1997 年签订一份议定书，应明确规定在一定期限内发达国家所应限制和减少的温室气体排放量
COP2	1996 年瑞士日内瓦	就"柏林授权"所涉及的"议定书"起草问题进行讨论，未获得一致意见，决定由全体缔约方参加的"特设小组"继续讨论，并向 COP3 报告结果
COP3	1997 年日本东京	会议通过了《京都议定书》，对 2012 年前主要发达国家减排温室气体的种类、减排时间表和额度等做出了规定
COP4	1998 年阿根廷布宜诺斯艾利斯	会议通过《布宜诺斯艾利斯行动方案》，该方案包括七项决议，除了技术与操作层面的问题，还包括准备第一次《京都议定书》批准国会议，包括如何遵循议定书基本要素、减缓气候变化的政策与工具，要求各缔约国在 COP6 中，确定《京都议定书》的三种机制（联合履约机制、排放交易机制、清洁发展机制）的具体实施方案，以促使《京都议定书》生效
COP5	1999 年德国波恩	会议通过了《联合国温室气体变化框架公约》附件一所列缔约方国家信息通报编制指南、温室气体清单技术审查指南、全球气候观测系统报告编写指南，并就技术开发与转让、发展中国家及经济转型期国家的能力建设问题进行了协商

续表

会议名称	时间与地点	主要议题
COP6	2000 年荷兰海牙、2001 年德国波恩	会议分为两期，第一期主要针对温室气体国家体系问题而展开，但是各国对于碳汇、国内减量计划的补充性、履约机制等关键议题无法取得共识。第二期会议在波恩举行，并通过了执行布宜诺斯艾利斯行动的决议方案，即《波恩协议》，其包括 UNFC-CC 的基金、发展中国家的冲突与协调、碳汇达到减排目标使用上限、遵约程序和违约处罚等
COP7	2001 年摩洛哥马拉喀什	会议最终通过了减缓全球变暖的《马拉喀什协议》，并发表部长级的马拉喀什宣言，协议中确定了清洁发展机制的规则，成立清洁发展机制执行理事会，制定具体的运作程序
COP8	2002 年印度新德里	会议最终通过了《德里宣言》，有关《京都议定书》的议程更多集中于技术与操作层面的问题，如 IPCC 的第三次评估报告、清洁发展机制的标准等，同时发展中国家消除贫困、抵御气候变化威胁的适应策略及相关的公平问题也是会议的一个中心议题
COP9	2003 年意大利米兰	会议同样集中于技术与操作层面的问题，如清洁发展机制中森林碳汇的标准和 IPCC 的第三次评估报告，同时关于制定气候变化专项基金运作机制的讨论也是重点议题。在二氧化碳排放大户美国两年前退出《京都议定书》的情况下，另一二氧化排放大户俄罗斯拒绝批准议定书，致使该议定书不能生效，此次会议的谈判结果令人失望，并未形成任何纲领性文件
COP10	2004 年阿根廷布宜诺斯艾利斯	会议就《联合国气候变化框架公约》签订 10 年的成就和挑战、气候变化的影响与适应措施和可持续发展等问题进行了讨论，本次谈判涉及《联合国气候变化框架公约》的资金机制
COP11	2005 年加拿大蒙特利尔	会议形成了《蒙特利尔议定书》，通过了包含 21 项决议的关于《京都议定书》的一揽子执行规定，并就技术转让、气候变化对发展中国家和最不发达国家的不利影响等内容进行了探讨，同时还启动了《京都议定书》2012 年之后第二承诺期谈判等诸多议题

续表

会议名称	时间与地点	主要议题
COP12	2006 年肯尼亚内罗毕	会议的议题是"后京都"问题，即 2012 年后如何进一步降低温室气体的排放，会议达成了包括《内罗毕工作计划》在内的几十项决定，以帮助发展中国家提高应对气候变化的能力，其次在管理"适应基金"的问题上取得一致，基金将用于支持发展中国家具体的适应气候变化活动
COP13	2007 年印尼巴厘岛	会议着重讨论"后京都"问题，即《京都议定书》第一承诺期在 2012 年到期后如何进一步降低温室气体的排放，制定了"巴厘路线图"，启动了《联合国气候变化框架公约》和《京都议定书》下的"双轨"谈判进程
COP14	2008 年波兰波兹兰	八国集团领导人在八国集团首脑会议上就温室气体长期减排目标达成一致，寻求与《联合国气候变化框架公约》其他缔约国共同实现到 2050 年将全球温室气体排放量减少至少一半的长期目标
COP15	2009 年丹麦哥本哈根	会议商讨《京都议定书》一期承诺到期后的后续方案，就未来应对气候变化的全球行动签署了不具法律约束力的《哥本哈根协议》，根据各国的 GDP 大小减少二氧化碳排放，被喻为"拯救人类的最后一次机会"的会议
COP16	2010 年墨西哥坎昆	会议通过《坎昆协议》，在资金支持、技术转让、保护森林和发展中国家应对气候变化能力建设等方面取得进展
COP17	2011 年南非德班	会议决定实施《京都议定书》第二承诺期并启动绿色气候基金
COP18	2012 年卡塔尔多哈	推动"巴厘路线图"谈判取得实质性成果，敦促发达国家承担大幅度减排目标并兑现提供资金、技术转让等承诺方面发挥积极作用
COP19	2013 年波兰华沙	以日本、澳大利亚为首的"肮脏四国"试图颠覆"共同但有区别的责任"原则，经过艰难的谈判和激烈争吵，各国最终就德班平台决议、气候资金和损失损害补偿机制等焦点议题签署了协议

资料来源：作者根据相关资料整理。

（三）1997—2005 年：《京都议定书》的签署及生效

根据《公约》的第一次与第二次缔约方大会（COP1 与 COP2）关于约束发达国家温室气体排放量的意向，在 1997 年日本京都举行的第三次缔约方大会（COP3）上通过了一份《京都议定书》（后文简称《议定书》），各缔约方对于二氧化碳等温室气体的排放做出了量化的约束或减排的承诺，其最终目标是要"将大气中温室气体浓度稳定在防止气候系统受到危险的人为干扰的水平之上"。根据相关要求，只有占全球温室气体排放量 55% 以上的至少 55 个国家批准以后，《议定书》才能成为具有法律约束力的国际公约，中国于 1998 年签署并于 2002 年核准了该议定书，推动了该议定书于 2005 年按时生效，截至 2011 年，共有 191 个国家或地区签署以及核准了该议定书。《议定书》继续遵循《公约》制定的"共同但有区别的责任"原则，将世界上的国家区分为发达国家和发展中国家，只要求发达国家（即 Annex Ⅰ国家）对于降低二氧化碳等温室气体排放做出量化的约束和减排承诺，而广大的发展中国家不承担具有法律约束力的温室气体限控义务。根据协商，Annex Ⅰ国家总体上将努力在 2008—2012 年期间将温室气体排放量相比于 1990 年平均降低 5.2%，为此，绝大多数缔约方均做出减排的承诺，见表 3 - 5，但是由于美国没有批准该议定书，因此总体的减排目标由 5.2% 降至 4.2%。在《京都议定书》签署之后，公约的第四次至第十次缔约方大会（COP4 - COP10）对该《议定书》的具体条款进行了技术及操作层面的规定与补充，2005 年《京都议定书》正式生效，同年在加拿大蒙特利尔举行的第十一次缔约方大会（COP11）上启动了2012 年后《议定书》第二承诺期的谈判。

《京都议定书》确定了三种灵活履约机制：共同完成（Joint Fulfillment，JF）、联合履行（Joint Implementation，JI）、清洁发展机制（Clean Development Mechanism，CDM）、国际碳排放交易（International Emissions Trading，IET）。JF 是指一些国家整体上实现一个共同的减排目标，例如欧盟制定了 8% 的温室气体削减目标，而在欧盟内部各成员国的削减目标是不同的，但是只要整体上能够实现共同目标即可。JI 机制允许任一 Annex Ⅰ国家向其他 Annex Ⅰ国家转让或从他们获得由排放削减项目带来的排放削减单位（Emission Reduction Units，ERUs），以一种灵活且节约成本的方式完成承诺的减排量。CDM 机制允许 Annex Ⅰ国家在 Non – Annex Ⅰ国家的领土上实施能够减少温室气体排放或者通过碳封存以及碳汇从大气中消除温室气体的项目，并据此获得"经核证的减排量"（Certified Emission Reductions，CERs），Annex Ⅰ国家可以利用项目产生的 CERs 抵消本国的温室气体减排义务。IET 机制是指向各 Annex Ⅰ缔约方分配一定的排放额度（Assigned Amount Units，AAUs），超过排放额度的缔约方可以从具有剩余排放额度的缔约方那里购买 AAUs。IET 与 JI 和 CDM 的区别在于前者是建立在既定的排放额度之上的，而后两者则是基于排放削减量的创造。

表 3 – 5　　《京都议定书》项下 Annex Ⅰ国家相对于 1990 年

温室气体水平的减排承诺（%）

国家/地区	减排承诺 2008—2012 年	减排承诺 2013—2020 年	国家/地区	减排承诺 2008—2012 年	减排承诺 2013—2020 年
美国	—	—	日本	– 6	—
加拿大	– 6	—	新西兰	0	—
澳大利亚	– 13	– 20	保加利亚	– 8	– 20
比利时	– 7.5	– 20	克罗地亚	– 5	– 20
丹麦	– 21	– 20	捷克	– 8	– 20
芬兰	0	– 20	爱沙尼亚	– 8	– 20
法国	0	– 20	匈牙利	– 8	– 20
德国	– 21	– 20	立陶宛	– 8	– 20
希腊	+ 25	– 20	拉脱维亚	– 8	– 20
冰岛	+ 10	– 20	波兰	– 6	– 20
爱尔兰	+ 13	– 20	罗马尼亚	– 8	– 20
意大利	– 6.5	– 20	俄罗斯	0	—
卢森堡	– 28	– 20	斯洛伐克	– 8	– 20
荷兰	– 6	– 20	斯洛文尼亚	– 8	– 20

国家/地区	减排承诺 2008—2012 年	减排承诺 2013—2020 年	国家/地区	减排承诺 2008—2012 年	减排承诺 2013—2020 年
挪威	+1	−16	乌克兰	0	−24
葡萄牙	+27	−20	白俄罗斯	—	—
西班牙	+15	−20	马耳他	—	—
瑞典	+4	−20	土耳其	—	—
瑞士	−8	−15.8	列支敦士登	—	—
英国	−12.5	−20	摩洛哥	—	—
奥地利	+8	−0.5			

注：1.《京都议定书》所规定的应当减排的温室气体包括 6 种：二氧化碳（CO_2）、甲烷（CH_4）、一氧化二氮（N_2O）、氢氟碳化物（HFC_S）、全氟化碳（PFC_S）、六氟化硫（SF_6），其中 CO_2 在温室气体排放中所占的比重最大，其他各种气体在量化时均转化为 CO_2 当量。

2. "—"表示未做出减排承诺。

3. 对于大部分缔约方而言，量化减排目标所参考的基期（base year）为 1990 年，但是有 5 个缔约方除外：保加利亚与波兰为 1988 年，斯洛文尼亚为 1986 年，罗马尼亚为 1989 年，而匈牙利则取 1985—1987 年的平均数。

资料来源：UNFCCC 网站，http：//unfccc.int/2860.php。

（四）2006 年以后："后京都"时期有关二氧化碳减排的国际谈判

随着《京都议定书》的生效，Annex Ⅰ国家进入了第一减排承诺期的履约阶段，而同时 2012 年后即"后京都"时期如何进一步降低二氧化碳等温室气体排放的问题被逐步提上日程。2007 年在巴厘岛举行的《公约》第十三次缔约方大会（COP13）对《京都议定书》下 Annex Ⅰ国家第二减排承诺期（2013—2020 年）的谈判制定了时间表，决定于 2009 年在哥本哈根举行的《公约》第 15 次缔约方会议以及《议定书》的第 5 次缔约方会议上最终完成谈判。COP13 制定了"巴厘路线图"（Bali Roadmap），为与会方确定了全面、有效以及可持续的长期合作计划。"巴厘路线图"的核心部分是《巴厘行动计划》，共包括 5 项内容："共同愿景"、"减缓"、"适应"、"技术"以及"资金"（Shared Vision，Mitigation，Adaptation，Technology and Financing）。"共同愿景"是指与会方关于气候变化的一个长期行动的愿景以及二氧化碳等温室气体减排的一个长期目标。"减缓"主要包括 Annex Ⅰ 国家的减排承诺以及 Non – Annex Ⅰ 国家的减排行为。《巴厘行动计划》同时要求在加强国际合作的前提下执行气候变化的"适应"行动，发达国家要履行向发展中国家提供足够的"技术"与"资金"支持的承诺，帮助其加强"适应"气候变化的能力建设。《京都议定书》通过后，美国等发达国家一直拒绝做出减排承诺，"巴厘路线图"明确指出，所有的 Annex Ⅰ 国家均应履行可量化、可报告、可核准的温室气体减排责任。

根据"巴厘路线图"的相关规定，2009 年在哥本哈根召开了《公约》的第 15 次缔约方会议（COP15），会议着重讨论一份新的协议，以保证在 2012 年《京都议定书》第一承诺期到期之后，为各国降低二氧化碳等温室气体的排放以及应对气候变化提供后续方案，被认为是"拯救人类的最后一次机会"。但是由于国家间对于减排目标的设定以及对于发展中国家资金技术援助等问题的分歧过大，导致哥本哈根气候峰会最终未能达成一份具有法律约束力的文本。与部分发达国家的不合作相反，中国明确提出了"到 2020 年单位 GDP 的二氧化碳排放比 2005 年下降 40% —45%"的量化减排目标，体现出中国在应对碳排放方面的决心以及负责任的态度。

2010 年在墨西哥坎昆举行了《公约》的第 16 次缔约方会议（COP16），继续就哥本哈根会议上的减排责任等问题进行谈判，但未达成一致意见，并将难题留给了 COP17。2011 年在南非德班举行的 COP17 上，缔约方决定实施《京都议定书》的第二承诺期，同时决定启动绿色气候基金。2012 年在卡塔尔多哈召开的 COP18 通过了一系列的决议，首先决定将《京都议定书》的减排目标延长至 2020 年，一些国家给出了 2013—2020 年第二承诺期的减排承诺（见表 3 – 5）。但是由于加拿大、日本、俄罗斯、新西兰等国家退出承诺，《议定书》的第二承诺期只覆盖全球 15% 的温室气体排放。COP18 首次提出"损失与损害"（Loss and Damage）的原则，要求一些降低二氧化碳排放效果不显著的国家要向那些减排效果显著的国家提供资金补偿，对于德班会议启动的绿色气候基金谈判，COP18 并未获得显著的进展。2013 年在波兰华沙举行的 COP19 是巴厘行动计划谈判结束后的第一次缔约方会议，在此次大会上本应采取切实行动落实巴厘路线图谈判成果，推动各方尽快批准《京都议定书》第二承诺期修正案，但是谈判一开始，日本和澳大利亚等国却使谈判陷入僵局，日本公布的修正后减排目标比 1990 年排放水平反而高出 3.1%，是对《京都议定书》和《公约》义务履行的严重倒退。澳大利亚则采取消极不合作的态度，拒绝做出履行出资义务的承诺。经过极其艰难的谈判，会议最终就德班平台协议、气候资金和损失损害补偿机制等焦点议题签署了协议，但是在发达国家切实实施减排承诺以及向发展中国家提供资金和技术支持方面仍将面临诸多挑战。

二　存在的问题

国际间关于二氧化碳等温室气体减排的合作经过了 20 多年的谈判历程，基本形成了相对稳定的合作框架，期间达成的《联合国气候变化框架公约》以及《京都议定书》成为国际间应对气候变化合作的法律基础和行动指南。尽管如此，目前国家间关于二氧化碳等温室气体减排的合作仍存在一些问题。

（一）二氧化碳等温室气体减排的效果有限

尽管绝大多数缔约方在《京都议定书》的第一承诺期中制定了明确的减排目标，但是从结果上来看，一些国家的减排效果并不明显。图 3-7 列出了 Annex Ⅰ 国家 2010 年二氧化碳等温室气体排放总量相比于 1990 年的变化趋势，通过与表 3-5 的对比可以看出，尽管承诺期过半，许多国家尚未完成减排目标。作为二氧化碳排放大户的加拿大、澳大利亚、新西兰非但没有履行减排的承诺，反而呈现出温室气体大幅度增加的趋势，碳排放大户美国也存在 8% 的排放增加。日本、意大利、卢森堡、荷兰、挪威、瑞士等国家距离减排目标的实现尚有很大的差距。同时，俄罗斯及原东欧一些国家出现的二氧化碳等温室气体排放的大幅度下降源于所谓的"热空气"①，并非是真正的

---

① "热空气"是指在 1992 年东欧剧变后，原东欧国家的经济衰退，导致二氧化碳等温室气体排放随之下降，这些大量的减排量并非是由于积极地采取减排措施带来的。

减排。

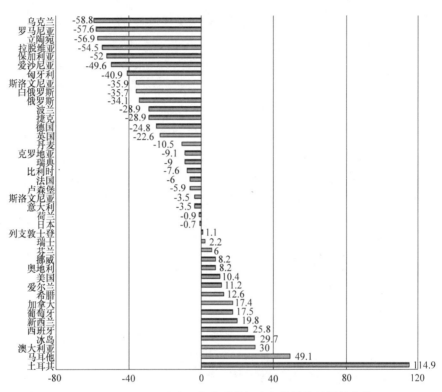

图 3 - 7　Annex I 国家二氧化碳等温室气体排放总量的变化：

2010 年相对于 1990 年（％）

资料来源：UNFCCC 网站，http：//unfccc.int/2860.php。

（二）部分发达国家过分片面地强调中国等发展中国家的减排责任

中国等发展中国家由于经济增长导致二氧化碳等温室气体大幅度攀升的历史只有短短几十年，但是发达国家却在过去的一百多年的经济增长过程中累积了大量的温室气体排放。图 3 - 8 给出了 1971 年以来全世界由于化石燃料燃烧引起的二氧化碳排放情况，可以看出，2000 年以前发达国家一直占据全球碳排放的主导地位，因此发达国家应在尊重发展中国家发展权利的前提下，自觉地承担相应的减排责任，但事实上，一些发达国家在履行减排义务时互相推诿，试图将减排的压力转嫁给发展中国家。早在《京都议定书》签署之前，美国就通过了伯德法案①，明确表明了不合作的态度：除非《议定书》或《公约》为发展中国家在同样的履约期内设定减少温室气体排放的限制和时间表，美国不得接受任何具有约束力的减排数量目标，因此在《京都议定书》生效之后，作为二氧化碳排放大户的美国未能做出任何的减排承诺。随着《京都议定书》第二承诺期谈判的进行，越来越多的发达国家以发展中国家未履行减排义务为借口拒绝做出进一步的减排承诺，如加拿大、日本、俄罗斯、新西兰等，导致《京都议定书》第二承诺期只覆盖了全球15%的温室气体排放，减排效果有限。发达国家的不合作行为无非是向中国等发展中国家施压，要求其承担同等的减排责任，这有悖于《公约》中关于发达国家和发展中国家"共同但有区别责任"的原则，也是无视历史责任的表现。日本等国家甚至倡导建立新的约束国际温室气体排放的合作框架，否定了《公约》以及《京都议定书》作为全球应对气候变化法律基础和行动指南的作用，将会扰乱国际合作秩序，最终影响国际二氧化碳等温室气体减排的效果。

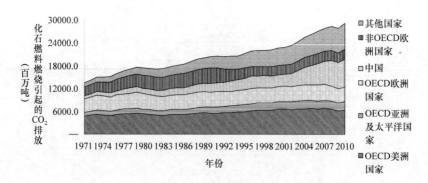

图 3 - 8　1971—2010 年世界由于化石燃料燃烧引起的
二氧化碳排放情况

注：OECD 美洲国家包括美国、加拿大、墨西哥、智利；OECD 亚洲及太平洋国家包括日本、澳大利亚、新西兰、韩国、以色列；OECD 欧洲国家主要包括 OECD 组织中除了上述 9 个国家之外位于欧洲的其他 25 个国家。

资料来源：根据国际能源机构网站提供的相关数据制作。

---

① 伯德法案（Byrd - Hagel Act），即 1997 年 7 月 25 日美国参议院以 95∶0 的投票结果通过的由 65 位两党参议员共同提出的 S. Res. 98 决议案。

（三）发达国家对发展中国家资金与技术援助的承诺难以兑现

1992 年通过的《公约》明确规定，发达国家要对发展中国家提供资金与技术援助，以协助后者在减缓二氧化碳等温室气体排放和适应气候变化方面采取行动，此后历届《公约》和《议定书》缔约方会议均就发达国家的资金与技术援助问题展开讨论。首先在资金方面，根据 2009 年《哥本哈根协议》和 2010 年《坎昆协议》的规定，发达国家缔约方应该在 2010—2012 年期间向发展中国家提供总值为 300 亿美元的"新的且额外的、可预见的且充足的"快速启动基金，同时在 2013—2020 年期间每年提供 1000 亿美元的长期资金，从而建立绿色气候基金（Green Climate Fund）。2011 年在德班举行的 COP17 会议正式启动绿色气候基金，但是到目前为止，发达国家关于资金如何筹集以及如何出资援助等事宜仍未达成最终意见，仅有德国和丹麦分别宣布向绿色气候基金注资 4000 万欧元和 1500 万欧元，第一笔 300 亿美元的快速启动基金尚未到位。同时资金管理不透明以及国家间信息不对称问题也是导致发达国家难以兑现注资承诺的重要原因。其次在技术方面，发达国家出于知识产权以及经济利益等方面因素的考虑，对于发展中国家技术援助的承诺更加难以兑现。

第四节　本章小结

本章对于目前美国、欧盟国家、日本、韩国、中国以及世界上其他一些国家的碳排放管制政策进行了分析，同时探讨降低二氧化碳等温室气体排放以及应对气候变化的国际合作进程及存在的问题，大致可以得出以下几点结论。

第一，在应对二氧化碳等温室气体排放政策方面，各国更加偏好于以市场为基础的经济性的管制手段，尤其是碳排放交易机制。与命令控制式的管制政策不同的是，碳排放交易机制建立在各排放主体减排成本差异化的基础之上，与碳税管制政策不同的是，碳排放交易机制设定了最高的二氧化碳排放总量，在排放量稀有性的前提下，允许各排放主体进行排放权利的交易，不仅能够促使排放成本内部化，而且能够在成本最小化的基础上提高减排效率。此外，自愿性的减排政策如碳足迹标签认证机制也是许多国家重要的减排措施之一。

第二，部分发达国家不遵循《联合国气候变化框架公约》与《京都议定书》有关发达国家与发展中国家在应对气候问题方面的"共同但有区别责任"原则，单方面地强调发展中国家的排放责任以及减排义务，对于拒绝承担对等减排责任的国家推行惩罚性措施，例如美国拟对来自中国等发展中国家的进口产品实施边境调节，欧盟对于来自其他国家的航班征收航空碳税。上述国家不仅没有根据其历史累积的排放量履行应尽的减排义务，而且变相地对中国等发展中国家推行贸易保护主义政策，扰乱了正常的国际贸易秩序，这种做法应受到抵制与反对。

第三，相比于美国、欧盟、日本等发达国家和组织，中国在碳排放管制政策方面稍显落后，目前仍然主要依靠命令控制式的行政管制手段，在 EU ETS 正式运行 7 年后，中国才开始在部分城市试点碳排放交易行动，在征收碳税方面目前仅限于研究阶段，并未给出征税的具体时间表。此外，自愿性碳排放管制政策也处于起步阶段，关于碳足迹认证机制的试点工作刚刚开始。

第四，从全球应对温室气体排放的国际合作上来看，尽管发达国家是国际合作谈判的发起者和倡导者，并且在早期大多数发达国家也给出了一定的减排承诺，但是在实施过程中履行减排承诺的效果并不理想。同时美国、加拿大、日本、俄罗斯等国家在国际合作谈判后期的态度越来越消极，而以中国以及小岛屿国家联盟等为代表的发展中国家在国际合作谈判中所起的作用越来越明显。后《京都议定书》时期，应对气候变化的国家合作谈判仍面临许多问题，如减排承诺的确定与履行、发展中国家承担责任的划定、新型国际合作模式的实践等。

第四章　管制政策影响出口贸易碳排放效应的理论分析

本章主要在理论上尝试探讨碳排放管制政策对于出口贸易碳排放效应的影响。根据碳排放管制政策力度的大小将国家分为发达国家与发展中国家两类，以发展中国家为主要研究对象分两个层面对于相关问题进行探讨：首先，暂时不考虑发达国家碳排放管制政策的影响，分析发展中国家碳排放管制政策对于本国出口贸易碳排放效应的作用；其次，探讨发达国家碳排放管制政策的变化对于发展中国家出口贸易碳排放效应的影响，主要分为两个步骤：第一步讨论发达国家单方面地强化碳排放管制政策是否会引起碳排放密集型行业的出口贸易优势向发展中国家转移，即是否存在碳排放的"污染避难所"效应；第二步讨论这种出口贸易优势的转移是否会引起发展中国家碳排放水平的上升，即是否会发生"碳泄漏"现象。在理论模型的构建上，主要借鉴科普兰和泰勒（2004，2005）对于贸易及环境的研究，但是具体到本书的讨论对模型进行了以下修正与补充：首先，科普兰和泰勒（2004）的模型主要考察贸易与环境污染之间的关系，没有针对具体的污染物，因此没有充分考虑到具体污染物的特征。本书以碳排放为分析对象，在研究过程中引入了碳排放的全球公共污染品的特征，假设一国消费者的效用是全球碳排放的函数，本国消费者的效用不仅受到本国碳排放的影响，而且也受到其他国家碳排放的影响，同样一国的生产行为不仅受本国碳排放管制政策的影响，而且受其他国家碳排放管制政策的影响。其次，在分析发达国家碳排放管制政策对于发展中国家出口贸易碳排放效应影响的过程中，又加入了发展中国家碳排放管制政策因素，认为若发展中国家积极地实施碳排放管制政策，则会消除或者减弱由于"污染避难所"效应带来的"碳泄漏"现象。最后，结合当前碳排放管制政策的现实情况，探讨了发达国家边境调节碳税等惩罚性措施在应对"碳泄漏"方面的效果。

第一节　基本假设

科普兰和泰勒（2004）建立了一个标准的两种商品、两种生产要素以及两个国家的分析模型，本章以此为基础将国家扩展为以中国为代表的发展中国家以及以 Annex Ⅰ国家为代表的发达国家。根据第3章的分析可知，由于经济发展水平以及历史因素的影响，国家之间碳排放管制政策力度存在一定的差异，发达国家的管制政策相对严厉，而发展中国家的管制政策相对宽松，这里先以发展中国家为分析对象，凡是涉及发达国家的要素均以符号"＊"表示。其他的假设条件与科普兰和泰勒（2004）相同，两种主要的生产要素分别为资本（K）与劳动（L），两种产品分别为 X 与 Y，任何一种产品的生产都会同时消耗两种生产要素，假设市场可以自由进入，且生产规模报酬不变，因此可以写出商品 X 与 Y 的生产函数：

$$X = F(K_x, L_x) \tag{4—1}$$

$$Y = H(K_y, L_y) \tag{4—2}$$

产品在生产过程中都不可避免地产生二氧化碳排放，排放量以 z 表示，但是为了区别两种产品的碳排放强度（即单位产值的二氧化碳排放）差异，假设 X 在生产过程中产生碳排放，而 Y 不会产生碳排放，称前者为碳排放密集型产品，后者为清洁产品。生产企业可以通过污染治理降低碳排放，但是会消耗企业的真实生产要素，假设消耗比例为 θ，碳排放可以看成治理密度 θ 与产出的函数：

$$z = \phi(\theta) F(K_x, L_x) \tag{4—3}$$

X 在生产过程中可供销售的产出为：

$$x = (1 - \theta) F(K_x, L_x) \tag{4—4}$$

其中，$\phi(\theta)$ 是 θ 的递减函数，当企业对产品的碳排放不治理时，$\theta = 0, \phi(0) = 1$，假设一单位产出产生一单位的排放，这时碳排放 $z = x = F(K_x, L_x)$，若 $\theta = 1$，表示企业的所有生产要素均用于排放的治理，因此 $\theta \in [0,1]$，否则生产活动无意义。根据科普兰和泰勒（2005）的假设，$\emptyset(\cdot)$ 的一个特殊形式为 $\emptyset(\theta) = (1 - \theta)^{1/\alpha}$，其中 $0 < \alpha < 1$。利用方程（4—3）可以解出 θ 并将其带入（4—4）式，得到柯布－道格拉斯形式的生产函数：

$$x = z^{\alpha} \left[F(K_x, L_x) \right]^{1-\alpha} \qquad (4—5)$$

尽管碳排放 z 是一种产出，但是为了分析的方便，在上式中将其视为一种生产投入。

第二节　均衡条件下二氧化碳排放价格与排放水平的确定

在完全竞争的市场上，追逐利润最大化的企业同时可以实现国民收入 G 的最大化，即：

$$G(p, K, L, z) = \max_{x,y} \{px + y : (x, y) \in T(K, L, z)\} \qquad (4—6)$$

其中，将 Y 商品看成是基数商品，价格设定为 1，其产量为 y。X 商品的价格为 p，T 是严格凸性的可行性技术集，G 满足国民收入函数的标准特征，经过简单的求导，可得：

$$G_z = \frac{\partial G}{\partial z} \qquad (4—7)$$

表示增加一单位的碳排放对于国民收入的影响，可以看成是二氧化碳排放的价格，记为 τ，同时也表示为降低一单位的碳排放，国民收入所付出的成本，即排放的边际治理成本。当碳排放的价格 τ 升高时，企业对于碳排放的边际需求减少，产量下降，碳排放量 z 也随之下降；当碳排放的价格 τ 下降时，企业对于碳排放的边际需求增加，碳排放量 z 随之上升，根据碳排放价格与碳排放量的这一关系可以画出一条向右下方倾斜的需求曲线 D，见图 4－1。

科普兰和泰勒（2004）没有充分考虑二氧化碳排放的全球公共污染品特征，任何一个国家的碳排放不仅会影响到本国的生产行为以及消费者的效用水平，而且会影响到其他国家的生产行为与消费者的效用水平。假设经济中存在 N 名消费者，代表性消费者的效用主要包括两部分：对于商品集 $q(x, y)$ 的消费以及对于世界二氧化碳排放总量 Z 的消费，其中 $Z = z + z^*$。对于商品的消费将会增加消费者的效用，而对于碳排放的消费则降低消费者的效用。消费者对于商品的偏好都是相似的，消费来自于收入，假设环境质量是一种正常品，消费者收入水平的增加将会增强其对于环境质量的需求，代表性消费者的效用函数为：

$$u = u(q(x,y),Z) = u(I/\beta(p),Z) \qquad (4\!-\!8)$$

其中，$I = G/N$ 代表人均收入，$\beta(p)$ 是价格指数，$I/\beta = r$ 为代表性消费者的真实人均收入。

在一般均衡市场上，二氧化碳排放的价格与数量是由二氧化碳排放的需求与供给共同决定的，通过上文可知，对于二氧化碳排放的需求函数是一条向右下方倾斜的曲线，而二氧化碳排放的供给则是由政府管制政策决定的，政府在生产可能性边界及人均收入的共同约束下实现代表性消费者的效用最大化，在此基础上确定最优的二氧化碳排放供给水平，即：

$$\max_z \{ u(I/\beta(p),Z) \, \mathrm{s.\,t.} \, I = G(p,K,L,z)/N \} \qquad (4\!-\!9)$$

上式对 z 求一阶导可得：

$$\frac{du}{dI}\frac{dI}{dz} + \frac{du}{dp}\frac{dp}{dz} + \frac{du}{dZ}\frac{dZ}{dz} = 0 \qquad (4\!-\!10)$$

记 $\dfrac{du}{dI} = u_I, \dfrac{dI}{dz} = I_z, \dfrac{du}{dZ} = u_z, \dfrac{du}{dz} = u_z$

由于 $I = G/N$，根据（4—7）式可知，$I_z = G_z/N = \tau/N$。假设发展中国家 x 商品的价格 p 完全由国外市场决定，是外生给定的，因此 $\dfrac{dp}{dz} = 0$，同时假设发达国家的碳排放管制政策与碳排放水平不变，则 $\dfrac{du}{dZ} = \dfrac{du}{dz}, u_z = u_z, \dfrac{dZ}{dz} = 1$，因此（4—9）式可以记为：

$$\tau = N \cdot (-u_z/u_I) \qquad (4\!-\!11)$$

$-u_z/u_I$ 表示代表性消费者因为消费二氧化碳排放而引起的边际损失，记为 $MD(p,r,z)$，二氧化碳排放的价格等于所有消费者边际损失的加总。若碳排放管制政策能够有效实施，τ 也应该等于碳排放管制政策，如征收的碳税或者是碳排放许可收入，因此（4—11）式也可以看成是二氧化碳排放的供给曲线 S，当碳税收入或者碳排放许可收入上升时，表明政府对于二氧化碳排放的供给增加，因此供给曲线向右上方倾斜且为凹性，表示消费二氧化碳排放与消费环境质量之间的边际替代率逐渐减少，见图 4 - 1。当碳排放管制政策强化时，供给曲线 S 将会向左移动；反之，当碳排放管制政策弱化时，该供给曲线将会向右移动。

一般均衡条件下最优的碳排放价格以及碳排放水平由需求曲线以及供给曲线共同决定，将（4—7）式与（4—11）式联立在一起可以得到：

$$G_z(p,K,L,z) = N \cdot MD(P,r(p,K,L,z),z) \qquad (4—12)$$

如图 4 - 1 所示，二氧化碳排放供给曲线 D_0 与二氧化碳排放需求曲线 S_0 的交点共同决定了最优的碳排放（管制）价格 τ_0，最优的碳排放水平为 z_0。

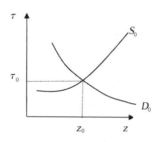

图 4 - 1　均衡条件下最优的碳排放价格与碳排放水平

第三节　出口贸易的二氧化碳排放效应

以 e 代表 X 商品单位产出的二氧化碳排放量，即二氧化碳排放密度，则

$$e = z/x \qquad (4—13)$$

在一国只生产 X 与 Y 两种产品的情况下，该国的经济规模可以表示为 $S = px + y$，X 产品的产值在经济规模中的比重以 φ_x 表示，则

$$\varphi_x = px/S \qquad (4—14)$$

将（4—13）式与（4—14）式结合可得：

$$z = ex = \frac{e\varphi_x S}{p} \qquad (4—15)$$

对（4—15）式两边取对数并进行全微分，可以得到：

$$\hat{z} = \hat{e} + \hat{\varphi}_x + \hat{S} - \hat{p} \qquad (4—16)$$

其中，$\hat{z} = dz/z$，$\hat{e} = de/e$，$\hat{S} = dS/S$，$\hat{p} = dp/p$。

根据第四章第二节部分的假设，产品 X 的价格为外生给定，$\hat{p} = 0$，因此碳排放量 z 的变化由碳排放密度 e、污染密集型产业在经济中的比重 φ_x 以及经济规模 S 共同决定。[①]

现在开始考察出口贸易对于碳排放的影响，为了分析的方便，首先考察发展中国家采取固定的碳排放管制政策的情形，此时 $\hat{e} = 0$，发展中国家的碳排放水平的变化完全由规模效应与结构效应决定。根据李嘉图的比较优势理论，贸易自由化有利于各国专业化地生产并出口自己具有比较优势的产品，如果一国的比较优势在于碳排放密集型产品，则贸易自由化将会促进该国碳排放密集型产品生产比例的提高以及生产规模的扩大；相反，如果一国的比较优势在于清洁产品，则贸易自由化将会促进该国清洁产品生产比重的增加以及生产规模的扩大。

出口贸易的扩大引起的生产结构以及生产规模的变化将会对该国的碳排放水平产生影响，如果发展中国家在碳排放密集型产品生产上具有比较优势，则贸易自由化有利于比较优势的扩大，促进生产要素由清洁产品转向碳排放密集型产品，从而引起碳排放密集型产品生产规模以及出口规模的扩大，并扩大了其在经济规模中的比重，因此贸易自由化引起的规模效应及结构效应均为正，增加了对于碳排放的需求，在图形上表现为碳排放需求曲线从 D_0 向外移动至 D_1，见图 4 - 2。前文假设发展中国家的碳排放管制政策固定不变，则在 τ_0 不变的情形下，发展中国家的碳排放水平由 z_0 增加到 z_1。因此当发展中国家的贸易比较优势是碳排放密集型商品时，出口贸易的扩大将会引起该国二氧化碳排放水平上升，即出口贸易的碳排放效应是正的。

---

① 科普兰和泰勒（1994）分别将 e、φ_x、S 的变化引起的污染排放的变化称为技术效应、结构效应与规模效应。

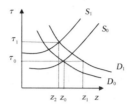

图 4 - 2　比较优势为碳排放密集型产品的情形

相反，如果发展中国家在清洁产品生产上具有比较优势，则贸易自由化有利于比较优势的扩大，促进生产要素由碳排放密集型产品转向清洁产品，从而引起碳排放密集型产品生产规模、出口规模以及在国民经济中比重的缩小，因此，贸易自由化引起碳排放的规模效应及结构效应均为负，从而降低了对于碳排放的需求，表现在图形上为碳排放需求曲线从 D_0 向内移动至 D_1，见图 4 - 3。已知发展中国家的碳排放管制政策固定不变，则在 τ_0 不变的情形下，发展中国家的碳排放水平由 z_0 降低至 z_1。因此当发展中国家的贸易比较优势是清洁商品时，碳排放密集型产品出口贸易的缩小将会降低该国的二氧化碳排放水平，即出口贸易的碳排放效应是负的。

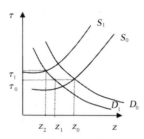

图 4 - 3　比较优势为清洁产品的情形

第四节　发展中国家碳排放管制政策的影响

上节在分析过程中假设发展中国家的碳排放管制政策不变，从而使得碳排放密度保持不变，发展中国家碳排放水平的变化完全取决于碳排放密集型商品生产及出口数量的变化。但是根据科普兰和泰勒（2004）

的观点，比较优势行业出口规模的扩大将会同时提高一国人均收入水平，在第一节中假设环境质量是一种正常品，当发展中国家人均收入上升时，消费者对于环境质量的需求增加，如果政府能够充分考虑消费者的需求，将会采取更加严厉的碳排放管制政策，改善环境质量。

政府强化碳排放管制政策可以采取征收碳排放税（费）的形式，也可以建立碳排放许可交易机制，以使得最终碳排放管制价格等于所有消费者边际损失的加总。在政府强化碳排放管制政策之后，企业生产碳排放密集型产品的成本将包括两部分：一是生产资料的成本，二是为排放二氧化碳所支付的成本。参照莱文森和泰勒（2004）的研究，建立单位商品 X 的柯布－道格拉斯形式的成本函数：

$$c = \delta \tau^{\alpha} \left(c^F\right)^{1-\alpha} \tag{4—17}$$

其中，$\delta = \alpha^{-\alpha}\left(1-\alpha\right)^{-(1-\alpha)}$ 是产品特定的常数，$c^F = c^F(r, w)$ 是生产单位产出的成本，r 与 w 分别为资本及劳动要素的使用价格，α 表示碳排放成本在总成本中的比重，在完全竞争市场上，总收入等于总成本，因此：

$$\alpha = \tau z / px \tag{4—18}$$

其中，τ 表示一单位碳排放的价格，τz 表示企业为所有碳排放所支付的成本，px 为总收入，等于总成本。已知 $e = z/x$，因此（4—18）式可变化为：

$$e = \frac{z}{x} = \frac{\alpha p}{\tau} \tag{4—19}$$

由此可见，碳排放密度 e 与碳排放管制强度 τ 成反比，当碳排放管制政策强化时，碳排放密度将下降，从而形成一种技术效应。随着单位产出碳排放密度的下降，在产量不变的前提下，技术效应将会带来碳排放水平的下降。

通过第三节的分析可知，如果发展中国家的贸易比较优势在于碳排放密集型商品，则结构效应与规模效应将会带来碳排放水平的上升。但是出口贸易扩大同时提高了发展中国家消费者的人均收入水平，因为环境质量是一种正常消费品，消费者对于更优环境质量的需求上升，促使政策制定者采取更加严厉的碳排放管制政策，在图形上表现为碳排放供给曲线 S_0 向里移动至 S_1，见图 4－2，移动的幅度取决于碳排放管制的力度。随着排放供给曲线的向内移动，技术效应引起二氧化碳排放量也由 z_1 下降至 z_2 。将三种效应结合起来可以得到出口贸易的净效应，如果结构效应和规模效应带来的碳排放增加量（由 z_0 至 z_1）超过由于技术效应带来的碳排放降低量（由 z_1 至 z_2），则出口贸易的扩大将会引起中国二氧化碳排放量的上升，反之将会引起中国二氧化碳排放量的下降。

若发展中国家的贸易比较优势在于清洁产品，则出口贸易扩大引起的结构效应与规模效应将会带来碳排放水平的下降。科普兰和泰勒（2004）认为污染水平的下降将会促使政府放松环境管制政策的力度，但是本书认为贸易自由化同样提高了清洁产品净出口国消费者的人均收入水平，消费者对于更优环境质量的需求同样促使政府采取更加严厉的碳排放管制政策，在图形上表现为排放供给曲线 S_0 向里移动至 S_1，见图 4-3。随着排放供给曲线的向内移动，技术效应引起二氧化碳排放量进一步由 z_1 下降至 z_2 。将三种效应结合起来可以得到出口贸易的净效应，若发展中国家在清洁产品生产上具有比较优势，则清洁产品出口贸易的扩大将会带来碳排放量的下降，碳排放管制政策的强化有利于碳排放量的进一步降低。

第五节　发达国家碳排放管制政策的影响

前几节的分析假设发达国家的碳排放管制政策与碳排放水平不变，实际上，由于碳排放的全球公共污染品特性，任何一个国家都不能免除由于碳排放污染所带来的外部性损失，因此国家间在制定碳排放管制政策时会存在相互影响与约束，一国的碳排放管制政策不仅会直接作用于本国的经济与环境质量，而且会对其他国家的经济与环境产生影响。"污染避难所"效应假说认为由于"搭便车"现象的存在，发达国家单方面地强化碳排放管制政策可能会引起发展中国家采取相对消极的排放治理行为，使其在碳排放密集型商品方面的出口贸易优势增强，增加碳排放，发生"碳泄漏"现象，进而在一定程度上抵消了发达国家在降低全球温室气体方面的努力，因此需要采取一定的措施如征收边境调节税对发展中国家进行惩罚。本部分将会在前文的基础上分析发达国家碳排放管制政策的强化对于发展中国家出口贸易以及由此引起的碳排放效应的影响，从理论上对"污染避难所"效应及"碳泄漏"假说进行检验，并对边境调节碳税等措施的效果进行分析。

一　碳排放的"污染避难所"效应

本部分参照莱文森和泰勒（2004）的研究，将二氧化碳排放管制政策因素纳入传统的绝对成本理论模型中，讨论发达国家单方面地强化碳排放管制政策对于发展中国家贸易模式、贸易流量以及贸易竞争力的影响。为了便于分析，假设碳排放管制政策为征收碳税 τ，根据前文的分析，发展中国家的碳排放管制政策相对较弱，因此 $\tau < \tau^*$。此外，为了更加清晰地分析两国政策的差异对于双边贸易模式及贸易流量的影响，本部分放松前文关于两种商品的假设，假设经济中将会生产 $i = 1,2,\cdots,n$ 种商品，每种商品的生产过程都会产生碳排放。根据（4—3）式，碳排放治理密度以 θ 表示，其中 $\theta \in [0,1]$。为了便于分析，这里假设碳排放治理密度与产品的排放密度成反比，投入到治理碳排放过程中的生产要素越多，即碳排放治理密度越大，产品的碳排放密度越小，产品越清洁，除此之外的其他假设条件均与前文一致，因此第 i 种产品的产出为：

$$x_i = z_i^{\alpha(\theta)} \left[F(K_i, L_i) \right]^{1-\alpha(\theta)} \qquad (4\text{—}20)$$

其中，$0 < \alpha(\theta) < 1, \alpha'(\theta) > 0$。

参照（4—17）式，第 i 种产品的单位成本函数形式为：

$$c_i = \delta \tau^{\alpha(\theta)} \left(c^{F_i} \right)^{1-\alpha(\theta)} \qquad (4\text{—}21)$$

其中，$\delta = \alpha^{-\alpha} (1-\alpha)^{-(1-\alpha)}$ 是产品特定的常数，$c^{F_i} = c^{F_i}(r_i, w_i)$ 是生产一单位产品所需的生产要素成本，r_i 与 w_i 分别为资本及劳动要素的使用价格，同理，如果第 i 种产品在国外生产，则其单位成本函数为：

$$c_i^* = \delta (\tau^*)^{\alpha(\theta)} \left(c^{F_i^*} \right)^{1-\alpha(\theta)} \qquad (4\text{—}22)$$

根据绝对成本理论，开放条件下，若发展中国家出口第 i 种产品，需要满足 $c_i \leqslant c_i^*$，相应地，将（4—21）式与（4—22）式结合可得：

$$\delta \tau^{\alpha(\theta)} \left(c^{F_i} \right)^{1-\alpha(\theta)} \leqslant \delta (\tau^*)^{\alpha(\theta)} \left(c^{F_i^*} \right)^{1-\alpha(\theta)} \Rightarrow$$

$$\left[\frac{c^{F_i}}{c^{F_i^*}} \right] \leqslant \left[\frac{\tau^*}{\tau} \right]^{\frac{\alpha(\theta)}{1-\alpha(\theta)}} = \Psi(\theta, \tau, \tau^*) \qquad (4\text{—}23)$$

已知 $0 < \alpha(\theta) < 1, \alpha'(\theta) > 0, \tau < \tau^*$，因此 $\Psi(\theta, \tau, \tau^*)$ 随着 θ

的上升而上升，若 $\left[\dfrac{c^{F_i}}{c^{F_i*}}\right] = \left[\dfrac{\tau^*}{\tau}\right]^{\frac{\alpha(\bar{\theta})}{1-\alpha(\bar{\theta})}}$，则可以得出 θ 的临界值：

$$\bar{\theta} = g(c^{F_i}, c^{F_i*}, \tau, \tau^*) \qquad (4\text{—}24)$$

（一）贸易模式的决定

当 $\theta = \bar{\theta}$，则 $\dfrac{c^{F_i}}{c^{F_i*}} = \dfrac{\bar{c}^{F_i}}{\bar{c}^{F_i*}} = \left[\dfrac{\tau^*}{\tau}\right]^{\frac{\alpha(\bar{\theta})}{1-\alpha(\bar{\theta})}}$，$\bar{\theta}$ 所对应的商品在两国的成本是一致的，因此这种产品或者不存在贸易行为，或者出口量与进口量相等。若 $\theta > \bar{\theta}$，由于 $\Psi(\theta, \tau, \tau^*)$ 随着 θ 的上升而上升，则 $\dfrac{c^{F_i}}{c^{F_i*}} =$

$\left[\dfrac{\tau^*}{\tau}\right]^{\frac{\alpha(\bar{\theta})}{1-\alpha(\bar{\theta})}} < \left[\dfrac{\tau^*}{\tau}\right]^{\frac{\alpha(\theta)}{1-\alpha(\theta)}}$，即 $c_i < c_i^*$，此时，$\theta \in (\bar{\theta}, 1]$ 区间的商品是由发展中国家出口的，也是这些国家的出口贸易优势所在，反之，若 $\theta < \bar{\theta}$，则 $c_i > c_i^*$，即 $\theta \in [0, \bar{\theta})$ 所相应的商品由发达国家出口，见图 4—4。通过前面的假设可知排放治理密度 θ 与商品的排放密度成反比，θ 越大，商品的排放密度越小，因此可以看出在加入碳排放管制因素以后，管制强度较弱的发展中国家生产并出口清洁商品，而管制强度相对较强的发达国家生产并出口碳排放密集型产品。

（二）贸易量的决定

让 I 与 I^* 分别代表本国与外国的总收入，b_i 代表一国总收入中对于 i 种产品的支出份额，因为前文假设发达国家与发展中国家消费者的偏好是相同的，因此 b_i 的取值在两国间一致。首先考察发展中国家的出口贸易量，出口金额的大小取决于发达国家的消费需求，发达国家对于所有的进口商品的支出为 $\sum_{\theta = \bar{\theta}}^{1} b_{i(\theta)} I^*$，其中，对于第 i 种商品的消费支出为 $b_i I^*$，因此发展中国家的出口贸易金额也为：

$$\sum_{\theta = \bar{\theta}}^{1} b_{i(\theta)} I^* \qquad (4\text{—}25)$$

同理，发达国家的出口贸易量源自发展中国家的消费需求，因此可以得出发展中国家的进口金额为：

$$\sum_{\theta = 0}^{\bar{\theta}} b_{i(\theta)} I \qquad (4\text{—}26)$$

以出口贸易金额与进口贸易金额相减可得本国的净出口金额为：

$$NI = \sum_{\theta = \bar{\theta}}^{1} b_{i(\theta)} I^* - \sum_{\theta = 0}^{\bar{\theta}} b_{i(\theta)} I \tag{4—27}$$

（三）碳排放密集型产品出口贸易优势的转移

假设外国进一步强化碳排放管制，碳税由 τ^* 增加至 $\tau^{*\prime}$，则 $\dfrac{\tau^{*\prime}}{\tau} >$

$\dfrac{\tau^*}{\tau}$，从而引起 Ψ 曲线向左移动至 Ψ'，进而得到新的临界值 $\bar{\theta}'$，这时

$\theta \in [0, \bar{\theta}')$ 的商品由外国出口，$\theta \in [\bar{\theta}', 1)$ 的商品由本国出口。由此可以看出，当发达国家强化碳排放管制后，原本由发达国家出口的位于 $(\bar{\theta}', \bar{\theta}]$ 区间的产品改由发展中国家出口，这一区间产品的碳排放密度高于发展中国家原先生产的位于 $[0, \bar{\theta})$ 区间的产品的碳排放密度，说明这类碳排放密集型产品的出口贸易比较优势从发达国家转移到发展中国家，碳排放的"污染避难所"效应成立。

下面考察贸易量的变化，当 θ 降低为 $\bar{\theta}'$ 后，发展中国家的净出口额变为：

$$NI' = \sum_{\theta = \bar{\theta}'}^{1} b_{i(\theta)} I^* - \sum_{\theta = 0}^{\bar{\theta}'} b_{i(\theta)} I \tag{4—28}$$

发达国家强化碳排放管制政策之后，发展中国家出口的商品种类增多，发达国家出口的商品种类下降，从而引起发展中国家出口贸易金额的上升以及进口贸易金额的下降，增加了净出口的金额。

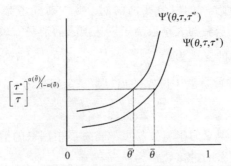

图 4-4　碳排放密集型产品出口贸易优势的转移

（四）出口贸易竞争力

一般采用贸易竞争力指数（Trade Competitiveness Index）对出口贸易的竞争力进行衡量，该指数是进行国际竞争力分析时常用的测度指标之一，用一国进出口贸易的差异占进出口贸易总额的比重来表示，即 TC =（出口额 − 进口额）/（出口额 + 进口额）。因此，在发达国家强化碳排放管制政策之前，发展中国家的贸易竞争力指标为：

$$TC = \frac{\sum_{\theta=\bar{\theta}}^{1} b_{i(\theta)} I^* - \sum_{\theta=0}^{\bar{\theta}} b_{i(\theta)} I}{\sum_{\theta=\bar{\theta}}^{1} b_{i(\theta)} I^* + \sum_{\theta=0}^{\bar{\theta}} b_{i(\theta)} I} \tag{4—29}$$

在发达国家强化碳排放管制政策之后，发展中国家的贸易竞争力指标变为：

$$TC' = \frac{\sum_{\theta=\bar{\theta}'}^{1} b_{i(\theta)} I^* - \sum_{\theta=0}^{\bar{\theta}'} b_{i(\theta)} I}{\sum_{\theta=\bar{\theta}'}^{1} b_{i(\theta)} I^* + \sum_{\theta=0}^{\bar{\theta}'} b_{i(\theta)} I}$$

$$= \frac{(\sum_{\theta=\bar{\theta}}^{1} b_{i(\theta)} I^* + \sum_{\theta=\bar{\theta}'}^{\bar{\theta}} b_{i(\theta)} I^*) - (\sum_{\theta=0}^{\bar{\theta}} b_{i(\theta)} I - \sum_{\theta=\bar{\theta}'}^{\bar{\theta}} b_{i(\theta)} I)}{(\sum_{\theta=\bar{\theta}}^{1} b_{i(\theta)} I^* + \sum_{\theta=\bar{\theta}'}^{\bar{\theta}} b_{i(\theta)} I^*) + (\sum_{\theta=0}^{\bar{\theta}} b_{i(\theta)} I - \sum_{\theta=\bar{\theta}'}^{\bar{\theta}} b_{i(\theta)} I)}$$

$$\tag{4—30}$$

通过比较（4—29）式与（4—30）式的分子与分母可知，TC' 的分子增加量

$$\sum_{\theta=\bar{\theta}'}^{\bar{\theta}} b_{i(\theta)} I^* + \sum_{\theta=\bar{\theta}'}^{\bar{\theta}} b_{i(\theta)} I$$ 大于 TC' 的分母增加量 $$\sum_{\theta=\bar{\theta}'}^{\bar{\theta}} b_{i(\theta)} I^* - \sum_{\theta=\bar{\theta}'}^{\bar{\theta}} b_{i(\theta)} I$$ 。

因此可以判断出 $TC' > TC$，发达国家单方面地强化碳排放管制政策增强了发展中国家出口贸易的竞争力。

二　"碳泄漏"效应

通过第五节的分析可知，发达国家单方面地强化碳排放管制政策将会引起部分碳排放密集型行业的出口贸易优势转移到发展中国家，扩大了发展中国家碳排放密集型行业的生产与出口，使之成为碳排放的

"污染避难所"。本部分将着重分析发达国家强化碳排放管制政策通过出口贸易结构的变化对于发展中国家碳排放水平的影响，考察"碳泄漏"现象发生的条件。

根据（4—8）式可知，发展中国家的真实收入为：

$$R(p,K,L,Z) = N \cdot r(p,K,L,Z) = G(p,K,L,Z)/\beta(p) \qquad (4—31)$$

借鉴科普兰和泰勒（2005）的研究，画出发展中国家的真实收入曲线，见图 4-5，水平轴表示世界的碳排放总量，垂直轴表示发展中国家的真实收入水平。若发展中国家不进行生产活动，则不会产生碳排放，所有的碳排放都是由发达国家产生的，这时世界碳排放水平为 z_0^*。当发展中国家开始进行生产时，碳排放量随之产生，真实收入也随之增加，并形成凸性的真实收入曲线 R_0 [①]。

同时根据（4—9）式可知，发展中国家社会的总效用为：

$$U(R,Z) = N \cdot u(r,Z) \qquad (4—32)$$

（4—32）式的一阶导数条件为：$U_R R_Z + U_Z = 0$，即

$$R_Z = -U_Z/U_R \qquad (4—33)$$

根据（4—11）式可知：

$$-U_Z/U_R = N \cdot (-u_Z/u_I) = N \cdot MD(p,r,z) = = MD(R,Z)$$

$$(4—34)$$

因此：

$$R_Z = MD(R,Z) \qquad (4—35)$$

即均衡条件下发展中国家的碳排放水平应该满足整个社会碳排放的边际收益 R_Z（允许一单位碳排放带来的真实收入的增加量）等于碳排放的边际损失 $MD(R,Z)$（增加一单位的碳排放引起的社会效用水平损失量），在图形上表现为发展中国家的真实收入曲线 R_0 与社会效用曲线 U_0 相切，切点 A 所对应的碳排放水平 Z^A 就是一般均衡条件下发展中国家的碳排放水平 z_0 与发达国家碳排放水平 z_0^* 之和，即 $Z^A = z_0 + z_0^*$，见图 4-5。

假设发达国家强化碳排放管制政策，将会降低其碳排放密集型产品

---

① 关于效用函数曲线与真实收入函数曲线凸性的证明，可以参考科普兰和泰勒（2005）。

的生产与出口，从而引起碳排放水平由 z_0^* 下降至 z_1^*，引起发展中国家的真实收入曲线 R_0 向左移动至 R_1，R_1 与 R_0 相比具备更大的斜率与更高的真实收入水平。更大的斜率主要源于发达国家碳排放密集型商品产量下降，导致价格上升，根据前文假设，碳排放密集型商品的国际市场价格是由发达国家市场决定的，发展中国家市场价格取决于发达国家市场价格的变化，价格的上升刺激了发展中国家碳排放密集型商品生产规模的扩大，从而也引起了碳排放水平的上升。通过图 4-5 可以看出，当发展中国家的真实收入曲线由 R_0 移动至 R_1 后，若发展中国家的碳排放管制政策不变，即社会效用水平仍维持在原水平之上，R_1 将与社会的效用曲线 U_0 相交于 B 点，B 点所对应的碳排放水平 Z^B 是碳排放密集型商品出口贸易优势由发达国家转移到发展中国家后的全世界碳排放总量，这时发展中国家的碳排放水平 $z_1 = Z^B - Z_1^*$。z_1 与 z_0 相比增加了两部分碳排放：$Z^B - Z^A$ 与 $z_1^* - z_0^*$，通过图 4-5 中的右图可以更加清晰地看出发展中国家碳排放水平的上升。可见，发达国家单方面地强化碳排放管制政策将会促使部分碳排放密集型行业的出口贸易优势由发达国家转移到发展中国家，从而引起了发展中国家碳排放水平的上升，发生了"碳泄漏"现象，但是这一结论的前提是发展中国家的碳排放管制政策不变。

根据（4—32）式可知，发展中国家消费者的效用水平由真实收入水平以及世界二氧化碳排放水平共同决定，发展中国家真实收入水平的提高以及发达国家碳排放水平的下降都会增加发展中国家消费者的效用水平，推动着效用曲线向上移动。同时由于环境质量是一种正常品，消费者收入水平提高后会增加对于更好环境质量的消费需求，促使发展中国家政府采取更加严厉的碳排放管制政策。如果发展中国家政府能够充分考虑消费者的消费意愿，会强化碳排放管制政策，最终使得社会真实收入曲线与更高的社会效用曲线相切于 C 点，在该均衡点上，社会碳排放的边际收益等于碳排放的边际损失，所对应的世界碳排放水平为 Z^C，发展中国家的碳排放水平 $z_2 = Z^C - z_1^*$。相比于强化碳排放管制政策之前碳排放量 z_1，发展中国家的碳排放水平下降了 $z^B - z^C$，通过图 4-5 中的右图也可以清晰地看出 z_2 相对于 z_1 的下降量。

判断"碳泄漏"是否发生取决于 z_2 相对于 z_0 的变化情况，这又取

决于 z_1 相对于 z_0 碳排放水平的增加量以及 z_2 相对于 z_1 碳排放水平的减少量，即：

$$z_2 - z_0 = (Z^B - z^A) + (z_1^* - z_0^*) - (z^B - z^C) = (z^C - z_1^*) - (z^A - z_0^*)$$
$$(4\text{—}36)$$

通过图 4-5 可以看出，$z^C - z_1^*$ 与 $z^A - z_0^*$ 之间的关系是不明确的，这取决于发展中国家碳排放管制政策的力度，若碳排放管制政策力度较小，则 z_2 相对于 z_1 碳排放水平的减少量低于 z_1 相对于 z_0 碳排放水平的增加量，使得 $z^C - z_1^*$ 大于 $z^A - z_0^*$，从而导致 $z_2 - z_0 > 0$，发生"碳泄漏"现象。若发展中国家碳排放管制政策力度较大，则 $z_2 - z_0 < 0$，不会发生"碳泄漏"现象。综上分析，发达国家单方面地强化碳排放管制政策将会引起部分碳排放密集型商品的出口贸易优势由发达国家转移到发展中国家，若发展中国家的碳排放管制政策不变或者强化碳排放管制政策力度较小，则会发生"碳泄漏"现象，若强化碳排放管制政策力度较大，则"碳泄漏"现象不一定会发生。

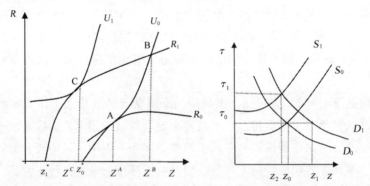

图 4-5　发达国家强化碳排放管制政策对于发展中国家碳排放水平的影响

三　边境调节碳税

一些发达国家认为"碳泄漏"现象在一定程度上抵消了发达国家在降低全球温室气体方面的努力，因此需要采取一定的措施进行惩罚，例如对来自于发展中国家的出口产品征收边境调节碳税。边境调节碳税的征收将会通过影响发展中国家的出口贸易结构进而对其碳排放水平产生影响，下面将借鉴科普兰和泰勒（2004）关于 X 与 Y 两种商品的相对需求曲线与相对供给曲线进行分析。

根据（4—5）式与（4—18）式可知，X 商品与 Y 商品分别是要素禀赋、商品价格以及管制政策的函数，即：

$$x = x(p, \tau, K, L) \tag{4—37}$$

$$y = y(\tau, K, L) \tag{4—38}$$

根据前文的假设，基数商品 Y 的价格为 1。

各国消费者的需求偏好是相似的，因此可以写出消费者对于 X 商品与 Y 商品的相对需求曲线 $RD(p)$，$RD'(p) < 0$，该相对需求曲线在发达国家与发展中国家之间是相同的。X 商品与 Y 商品的相对供给曲线为两种商品产量比：

$$RS(p, \tau, K, L) = \frac{x(p, \tau, K, L)}{y(\tau, K, L)} = \frac{x(p, \tau, K/L, 1)}{y(\tau, K/L, 1)} \tag{4—39}$$

相对需求曲线与相对供给曲线的交点决定了均衡条件下 X 商品价格与相对产量。在封闭条件下，若发达国家单方面地强化碳排放管制政策，将会使得 X 商品在发达国家的生产成本高于其在发展中国家的生产成本，导致 X 商品在发达国家的价格 p^* 高于其在发展中国家的价格 p。通过图 4-6 可以看出，发达国家的相对供给曲线 RS^* 与相对需求曲线 RD 所决定的价格水平 p^* 高于发展中国家相对供给曲线 RS 与相对需求曲线 RD 所决定的价格水平 p。在开放条件下，X 商品的世界市场价格为 p^w，发达国家将从发展中国家进口 X 商品，进口量为（$\frac{x^B}{y^B}$ − $\frac{x^A}{y^A}$），等于发展中国家的出口量（$\frac{x^C}{y^C} - \frac{x^B}{y^B}$），其中 RS^W 是发展中国家对于发达国家的供给曲线，也是发达国家的进口需求曲线，RS 与 RS^W 之间的差额即是发展中国家对于本国消费者的供给。

假设发达国家认为强化的碳排放管制政策导致了本国生产的下降以及碳排放的减少，同时客观上引起了发展中国家生产的增加以及"碳泄漏"现象的发生，影响到发达国家碳排放管制的效果，因此将会采取边境调节的方式对来自于发展中国家的进口商品进行惩罚，假设边境调节措施为征收从价税，税率为 t。由于发达国家决定了世界市场价格，在征收边境调节碳税之后，会迫使发展中国家把出口价格降低到原

先的世界市场价格 p^w 以下，为 $p^w{}'$，$p^w{}' < p^w$。因此在发达国家征收边境调节碳税的情况下，世界市场价格上升至（$p^w{}' + t$），而非（$p^w + t$）。当世界市场价格上升之后，发展中国家对于发达国家的相对供给曲线 RS^W 随之向左移动至 $RS^W{}'$。世界市场价格的上升对于发达国家与发展中国家的生产、消费以及碳排放水平均产生了一定的影响。首先对于发达国家而言，价格的上升刺激了生产，使得生产供给沿着 RS^* 曲线由 A 点向右移动至 D 点，生产的增加意味着碳排放水平的上升。同时消费需求沿着 RD 曲线由 B 点移动至 E 点，从而发展中国家的进口需求减至（$\dfrac{x^E}{y^E} - \dfrac{x^D}{y^D}$）。

发达国家对于发展中国家的出口产品征收边境调节税后，增加了发展中国家的生产成本，降低了 X 商品的出口量。同时由于世界市场的价格由 p^w 上升至（$p^w{}' + t$），又刺激了发展中国家 X 商品的生产。但是 X 商品世界市场价格的上升幅度（$p^w{}' + t - p^w$）低于边境调节碳税的税率 t，因此总体而言，发展中国家 X 商品的相对产量将会下降，见图 4-6。随着相对供给曲线 RS^W 向左移动至 $RS^W{}'$，发展中国家的生产点从 C 点移动至 F 点，相对产量的下降意味着发展中国家碳排放水平的降低。同时由于 X 商品世界价格的上升，发展中国家消费者对于该商品的消费量沿着 RD 曲线由 B 点向左移动至 E 点，在这种情形下，发展中国家对于发达国家的净出口量下降为（$\dfrac{x^F}{y^F} - \dfrac{x^E}{y^E}$）。

由此可见，在发达国家对来自于发展中国家的碳排放密集型产品实施边境调节之后，发展中国家排放密集型商品的相对产量减少，碳排放总量下降，而发达国家的排放密集型商品的相对产量增加，碳排放总量上升。边境调节措施对于贸易的影响是非常明显的，它引起了 X 商品在发展中国家出口量及在发达国家进口量的同时下降，但是对于两国碳排放水平的影响却是相反的，引起了碳排放从发展中国家向发达国家的转移，有悖于发达国家进行碳排放管制的初衷。同时世界的碳排放总量下降了，因为发展中国家生产的减少量（$\dfrac{x^C}{y^C} - \dfrac{x^F}{y^F}$）大于发达国家生产的增加量（$\dfrac{x^D}{y^D} - \dfrac{x^A}{y^A}$），假设国家间的生产技术是完全一样的。

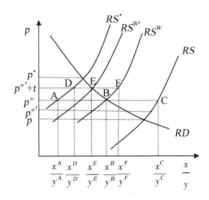

图 4 - 6　边境调节碳税的实施效应

第六节　本章小结

本章在科普兰和泰勒（2004）研究的基础上，建立了一个标准的两类国家、两种产品以及两种生产要素的一般均衡模型，并逐步扩展为多产品模型。以发展中国家为主要研究对象，通过纳入碳排放的全球公共污染品的特征，修改了科普兰和泰勒（2004）关于消费者效用函数的假设，以此为前提研究了在不同的碳排放管制情形下，发展中国家出口贸易的碳排放效应，并得出以下结论。

首先，在各国碳排放管制政策不变的情形下，出口贸易对于发展中国家碳排放水平的影响取决于该国的出口贸易优势。若发展中国家的出口贸易优势在于碳排放密集型商品，则结构效应和规模效应将会引起该国碳排放水平的上升；反之，若发展中国家的出口贸易优势在于清洁产品，则出口贸易的扩大将会带来该国碳排放水平的下降。

其次，假设发达国家的碳排放管制政策不变，考察发展中国家碳排放管制政策的变化对于该国出口贸易碳排放效应的影响。出口贸易的扩大有利于提高出口国的人均收入水平，由于环境质量是一种正常消费品，当消费者收入水平提高后，将会增加对于更好环境质量的需求，促使政府采取更加严厉的碳排放管制政策，如果政府能够充分考虑消费者的需求，将会强化碳排放管制力度，从而产生一种技术效应，进而有利于碳排放水平的下降。如果发展中国家的出口贸易优势为碳排放密集型商品，则管制政策的强化带来的碳排放水平的下降将在一定程度上抵消或者超过由于结构效应和规模效应带来的碳排放水平的增加，取决于碳排放管制力度的大小。若发展中国家的出口贸易优势为清洁产品，则管制政策的强化将会进一步有利于该国碳排放水平的下降。

再次，鉴于碳排放的全球公共污染品特征，考察发达国家碳排放管制政策的变化对于发展中国家出口贸易的碳排放效应的影响。通过将两产品模型扩展为多产品模型，并将碳排放管制政策因素纳入传统的绝对成本优势理论中发现，发达国家单方面地强化碳排放管制政策将会引起部分碳排放密集型商品的出口贸易优势由发达国家转移到发展中国家，使得后者在某种程度上成为碳排放的"污染避难所"。若发展中国家的碳排放管制政策对此无反应，这种出口贸易优势的转移将会引起发展中国家碳排放水平的上升，出现"碳泄漏"现象；但是若发展中国家能够充分考虑消费者对于更好环境质量的消费需求，采取更严厉的碳排放管制政策，由此降低的碳排放水平将在一定程度上抵消或者超过由于"碳泄漏"现象所增加的碳排放量，也就是说，"碳泄漏"现象是否会发生取决于发展中国家碳排放管制政策的反应以及力度。

最后，本章分析了发达国家为应对"碳泄漏"采取的边境调节措施的效应，边境调节碳税的征收对于贸易的作用非常明显，促进了碳排放密集型商品在发展中国家出口量以及在发达国家进口量的同时下降，但是同时也引起了碳排放从发展中国家向发达国家的转移，有悖于发达国家进行碳排放管制的初衷，此外，边境调节碳税的征收也是自由贸易的一种倒退。

第五章　中国出口贸易中二氧化碳排放水平的测算及检验

通过第四章的理论分析可知，一国的出口贸易结构与数量对于该国的二氧化碳排放水平存在一定的影响。本章将利用相关的数据与方法对于中国出口贸易中的二氧化碳排放水平进行测算。首先，根据投入产出分析法计算出中国不同行业的直接碳排放强度、完全碳排放强度、直接碳排放量与完全碳排放量；其次，以此为基础从整体和分行业两个层面探讨出口贸易影响中国二氧化碳排放水平的时间趋势；最后，结合比重测算以及净出口消费指数等方法衡量了发达国家单方面地强化碳排放管制政策对于中国出口贸易碳排放效应的影响。

第一节　测算方法与数据说明

一　测算方法

计算出口贸易中的二氧化碳排放水平，首先要确定各行业的二氧化碳排放量与二氧化碳排放强度。由于中国目前缺乏二氧化碳排放量与排放强度分行业的统计数据资料，因此首先需要借助一定的计算方法进行测算。

（一）直接二氧化碳排放量与直接二氧化碳排放强度

碳排放主要来源于能源的消耗，不同类型能源的碳排放强度存在很大的差异，计算各行业的碳排放需要将生产过程中所使用的不同能源与其碳排放强度相乘后加总，根据《2006 年 IPCC 国家温室气体清单指南》（第二卷）所介绍的计算方法，各行业直接二氧化碳排放量的计算公式为：

$$C_i = \sum_{allfuels} Consumption_{fuel} \times \alpha_{fuel} \qquad (5—1)$$

其中，C_i 表示第 i 行业的直接二氧化碳排放总量，等于该行业所消耗的所有能源的二氧化碳排放量的加总；$Consumption_{fuel}$ 为该行业所使用的某一能源的年消耗总量，由于各种能源消耗的计量单位不一致，因此本章将统一折合成标准煤进行计算，α_{fuel} 为某一能源的碳排放系数，根据 2006 年 IPCC 国家温室气体清单指南（第二卷）所介绍的计算方法：

$$\alpha_{fuel} = Conv\,Factor_{fuel} \times CC_{fuel} \times COF_{fuel} \times 44/12 \qquad (5—2)$$

其中，$ConvFactor_{fuel}$ 为该行业所使用的某一能源的平均低位发热量；CC_{fuel} 为该行业所使用的某一能源的单位含碳量，又称为碳排放因子；COF_{fuel} 为该行业所使用的某一能源的碳氧化因子，通常设定为 1，表示能源在燃烧过程中完全氧化；44/12 为二氧化碳与碳元素之间的分子量比率，表示将碳元素转化为二氧化碳排放量的转换因子。二氧化碳排放主要来源于能源的燃烧，根据中国统计年鉴，目前各行业的能源消费主要包括原煤、焦炭、原油、燃料油、汽油、煤油、柴油、天然气和电力。当前大部分相关研究一般只考虑原煤、原油和天然气等一次能源的碳排放，不能完整地反映出各行业的碳排放总量，本章将全面考察一次能源与二次能源的总的碳排放量，其中由于缺乏相关资料，暂时不考虑电力消费的碳排放量。通过计算直接碳排放量，便可得到该行业单位产值的直接碳排放强度为：

$$CM_i = \frac{C_i}{X_i} \qquad (5—3)$$

有些学者利用各行业的总产值计算直接碳排放强度，但是由于农业及工业的总产值中已经包含了中间投入品部分，考虑到投入产出分析的理论含义，这里的 X_i 以各行业的产值增加值表示。

（二）完全二氧化碳排放量与完全二氧化碳排放强度

完全碳排放量反映了产品从原材料到最终产品整个生产环节中所排放的二氧化碳排放总量，相比于直接碳排放量，其更能全面地反映出各行业的真实排放情况，一般采用投入产出分析法进行核算。投入产出分析（法）是美国经济学家里昂惕夫（Leontief）于 20 世纪 30 年代创立的反映经济系统各部分（如各部门、行业、产品）之间投入与产出的数量依存关系，并用于经济分析、政策模拟、经济预测等的数量分析方法（董承章，2000）。利用投入产出表，可以建立经济系统内各门类之间的投入产出关系，引入全国价值型投入产出关系的数学模型：

$$AX + Y = X \qquad (5—4)$$

其中，X 为社会总产值，A 为直接消耗系数矩阵 $(\alpha_{ij})n \times n$，$a_{ij} = x_{ij}/X_j (i,j = 1,2,\cdots,n)$ 被称为直接消耗系数，表示在生产经营活动中，第 j 部门单位总产出中直接消耗的第 i 部门产品或服务的产值，AX 表示社会总产值中被中间消耗掉的部分，总产值 X 扣除掉中间使用的 AX 部分为最终产值 Y，即 $Y = X - AX = (I - A)X$，则 $X = (I - A)^{-1}Y$，或 $X = (B + I)Y$，$B = (I - A)^{-1} - I$ 被称为完全消耗系数矩阵，其元素 b_{ij} 表示第 j 部门每提供一个单位最终产品对于第 i 部门产品和服务的直接和间接消耗的总和。$\bar{B} = B + I = (I - A)^{-1}$ 被称为完全需要系数矩阵，又称里昂惕夫矩阵，其元素 $\bar{b}_{ij}$ 表示第 j 部门每增加一个单位最终产品对于第 i 产品部门产品和服务的完全需要量。

将单位产值的直接碳排放强度与里昂惕夫逆矩阵 $(I - A)^{-1}$ 相乘便可得到该部门单位产值的完全碳排放强度为：

$$TCM_i = CM_i (I - A)^{-1} \qquad (5—5)$$

利用该单位产值的完全碳排放强度与第 i 部门的产值增加值 X_i 相乘便可得到该部门完全碳排放量为：

$$TC_i = TCM_i X_i = CM_i (I - A)^{-1} X_i \qquad (5—6)$$

在开放条件下，各行业在生产过程中所使用的中间投入品除本国生产的以外，还包括从国外进口的部分，也就是说，进口的产品 X^m 除了用于最终消费之外，还有一部分是作为中间投入的，投入的部分为 $A^m X$，这部分中间投入品是在国外生产的，碳排放也发生在国外。本国生产的中间投入部分为 $A^d X$，$A^m X$ 与 $A^d X$ 之和共同构成了全部的中间投入部分 AX，其中 $A = A^d + A^m$。因此 (5—5) 式与 (5—6) 式中的里昂惕夫逆矩阵是包括了本国生产和国外进口两部分的，如果照此进行计算，将会高估本国所排放的二氧化碳，因此需要对直接消耗系数矩阵中的进口投入部分进行剔除，仅采用包括国内投入部分的直接消耗系数矩阵，相应地，单位总产值的完全碳排放强度与各部门碳排放量的计算公式变为：

$$TCM_i = CM_i (I - A^d)^{-1} \tag{5—7}$$

$$TC_i = CM_i (I - A^d)^{-1} X_i \tag{5—8}$$

（三）出口贸易中二氧化碳排放水平

通过将某行业的出口金额与该行业直接二氧化碳排放强度相乘便可得到该行业出口贸易中的直接二氧化碳排放量：

$$EC_i = CM_i EX_i \tag{5—9}$$

其中，EX_i 为第 i 行业某年的出口金额。

通过将某行业的出口金额与该行业完全二氧化碳排放强度相乘便可得到该行业出口贸易中的完全二氧化碳排放量：

$$ETC_i = CM_i (I - A^d)^{-1} EX_i \tag{5—10}$$

通过将某年各行业出口贸易中的直接二氧化碳排放量加总可以得到当年出口贸易中的直接二氧化碳排放总量：

$$EC = \sum_{i=1}^{n} CM_i EX_i \tag{5—11}$$

通过将某年各行业出口贸易中的完全二氧化碳排放量加总可以得到当年出口贸易中的完全二氧化碳排放总量：

$$ETC = \sum_{i=1}^{n} CM_i (I - A^d)^{-1} EX_i \tag{5—12}$$

二　样本数据说明

（一）投入产出表

进行投入产出分析首先需要获取反映各行业间投入产出关系的投入产出表。目前国家统计局所编制的中国投入产出表并没有将国内投入部分与进口投入部分分开，利用其计算出的结果不能真实地反映出我国的碳排放水平，而 OECD 数据库所提供中国投入产出表比较清楚地对国内投入部分与进口投入部分进行了区分，并且给出了相应的里昂惕夫逆矩阵，因此本章将采用 OECD 版本的中国投入产出表，研究时段选取为2000—2010 年。目前 OECD 仅提供了 1995 年、2000 年和 2005 年的投入产出表，由于企业的生产技术短期内不会发生太大的变化，因此本章将以 2000 年和 2005 年的投入产出表为基础，并通过单位 GDP 的碳排放强度以及价格指数对其他年份的碳排放强度进行技术方面的修正。具体来讲，2001—2004 年以 2000 年投入产出表为分析基础并进行相应的技术修正，2006—2010 年以 2005 年投入产出表为分析基础并进行相应的技术修正。

单位 GDP 碳排放强度的修正系数是利用历年单位 GDP 的碳排放强度与基础年的单位 GDP 的碳排放强度相除得出的。价格指数一般以居民消费价格指数来衡量，价格指数修正系数则是利用历年的居民消费价格指数除以基础年的居民消费价格指数得出，在计算过程中采用各种价格定基指数数据。历年单位 GDP 的碳排放强度来源于国际能源机构，居民消费价格指数数据来源于历年中国统计年鉴，计算结果见表 5 – 1。修正后各行业的完全碳排放强度与完全碳排放量变为：

$$TCM_i = CFPFCM_i (I - A^d)^{-1} \qquad (5—13)$$

$$TC_i = CFPFCM_i (I - A^d)^{-1} X_i \qquad (5—14)$$

其中，CF 与 PF 分别为单位 GDP 碳排放强度修正系数与居民消费价格指数修正系数。

修正后各行业出口贸易中的完全碳排放量与完全碳排放总量分别为：

$$ETC_i = CFPFCM_i (I - A^d)^{-1} EX_i \qquad (5—15)$$

$$ETC = \sum_{i=1}^{n} CFPFCM_i (I - A^d)^{-1} EX_i \qquad (5—16)$$

表 5 – 1　　　　　　2000—2010 年碳排放强度修正系数

年份	2000	2001	2002	2003	2004	2005	2006	2007	2008	2009	2010
单位 GDP 碳排放强度	1.97	1.86	1.84	1.94	2.09	2.10	2.06	1.95	1.93	1.86	1.79
修正系数	1.00	0.94	0.93	0.98	1.06	1.00	0.99	0.93	0.92	0.89	0.85
居民消费价格指数	434	437	433.5	438.7	455.8	464	471	493.6	522.7	519	536.1
修正系数	1.00	1.01	1.00	1.01	1.05	1.00	1.02	1.06	1.13	1.12	1.16

资料来源：历年单位 GDP 的碳排放强度来源于国际能源机构网站，居民消费价格指数数据来源于历年中国统计年鉴。

（二）行业的归并

OECD 投入产出表中的行业分类与中国统计年鉴中的行业分类存在一定的差异，因为在计算过程中需要同时用到以上两种统计资源中的数据，首先要对相关的行业进行归并，共分为 24 个行业部门，见表 5 - 2。

表 5 - 2　　　　　　　　　　24 个行业部门分类

代码	行业分类	行业内容
1	农林牧渔水利业	农林牧渔水利业
2	采矿业	煤炭开采和洗选业、石油和天然气开采业、黑色金属矿采选业、有色金属矿采选业、非金属矿采选业、其他采矿业
3	食品加工、饮料及烟草业	农副食品加工业、食品制造业、饮料制造业、烟草制品业
4	纺织、服装和皮革业	纺织业、纺织服装、鞋、帽制造业、皮革、毛皮、羽毛（绒）及其制品业
5	木材及木材加工制品	木材加工及木、竹、藤、棕、草制品业、家具制造业
6	纸浆、纸制品、印刷业	造纸及纸制品业、印刷业和记录媒介的复制、文教体育用品制造业
7	石油加工、炼焦及核燃料业	石油加工、炼焦及核燃料加工业
8	化学原料及化学制品制造业	化学原料及化学制品制造业、医药制造业、化学纤维制造业
9	橡胶及塑料制品业	橡胶制品业、塑料制品业
10	其他非金属矿物制品业	其他非金属矿物制品业
11	有色金属及黑色金属冶炼及压延加工业	有色金属冶炼及压延加工业、黑色金属冶炼及压延加工业
12	金属制品业	金属制品业
13	机械设备制造业	通用设备制造业、专用设备制造业
14	仪器仪表及文化办公用机械制造业	医学及精密光学仪器制造业、文化、办公用机械制造业
15	电器机械及器材制造业	电器机械及器材制造业

续表

代码	行业分类	行业内容
16	通信设备、计算机及其他电子设备制造业	通信设备、计算机及其他电子设备制造业
17	交通运输设备制造业	交通运输设备制造业
18	其他制造业	工艺品及其他制造业、废弃资源和废旧材料回收加工业
19	电力、煤气及水生产和供应业	电力、热力的生产和供应业、燃气生产和供应业、水的生产和供应业
20	建筑业	建筑业
21	批发、零售业和住宿、餐饮业	批发、零售业、住宿、餐饮业
22	交通运输、仓储和邮政业	交通运输、仓储业、邮政和通信业
23	其他行业	金融与保险业、不动产业、研发行业以及其他的行业
24	生活消费	教育行业、健康行业、其他社区、社会及私人服务业

资料来源：OECD 数据库与历年中国统计年鉴。

（三）其他数据来源说明

历年各行业的能源消费数据、各行业的工业增加值来源于中国统计年鉴，由于中国统计年鉴没有对 2004 年以及 2008—2010 年的工业增加值进行统计，2004 年工业各行业增加值采用线性拟合的方式进行插值，2008 年各行业的工业增加值利用 2007 年各行业工业增加值乘以 2008 年 12 月工业分大类行业增加值累计增长速度得出，工业分大类行业增加值增长速度来源于国家统计局网站，按照同样的方法得出 2009 年与 2010 年各工业行业的增加值。各种能源的平均低位发热量和标准煤折算系数来源于《综合能耗计算通则》（GB/T 2589—2008），各种能源的含碳量以及碳氧化因子来源于《2006 年 IPCC 国家温室气体清单指南》（第二卷），根据公式计算出的各种能源的碳排放系数见表 5 - 3。

表 5 - 3　　　　　　　　　各种能源的碳排放系数

能源名称	平均低位发热量（千焦/千克）	标准煤折算系数（千克标准煤/千克）	含碳量（千克/吉焦）	本章所估算的各种能源的碳排放系数（千克 CO_2/千克标准煤）
原煤	20908	0.7143	26	2.7905
焦炭	28435	0.9714	29.2	3.1341
原油	41816	1.4286	20.0	2.1465
燃料油	41816	1.4286	21.1	2.2646
汽油	43070	1.4714	19.1	2.0500
煤油	43070	1.4714	19.5	2.0929
柴油	42652	1.4571	20.2	2.1680
天然气	38931	1.333	15.3	1.6384

注：由于《2006 年 IPCC 国家温室气体清单指南》（第二卷）中并未直接提供原煤的碳排放因子，这里借鉴陈诗一（2009）的研究，利用烟煤及无烟煤的加权平均计算得出。此外天然气的平均低位发热量的衡量单位为千焦/立方米，标准煤折算系数的衡量单位为千克标准煤/立方米。

第二节　中国二氧化碳排放的总体特征及分行业测算结果

一　中国二氧化碳排放的总体特征

（一）历年二氧化碳排放量及其在世界排放总量中的比重

中国作为世界上最大的发展中国家，近些年在保持经济快速发展的同时，粗放式的增长方式带来了二氧化碳等温室气体的大量排放。图 5 - 1 是根据国际能源机构的统计数据绘制的历年中国二氧化碳排放总量及其在世界排放总量中所占比重的趋势图。从排放总量方面来看，1971 年中国（包含香港在内）的二氧化碳排放总量约为 8.09 亿吨，随后便呈现出逐年上升的趋势，到了 1979 年增加到 14.32 亿吨。1980—1981 年连续两年出现过微量的下降，从 1982 年又开始逐年攀升，一直到 1998 年，中国的碳排放量增加到 31.97 亿吨，但是 1999—2000 年连续两年又出现了下降的情形，随后又开始增长，到 2001 年排放总量增长为 31.24 亿吨，相比于 1971 年，20 年间增长了 22.15 亿吨。2001 年以后，中国历年的二氧化碳排放量增幅加大，到了 2010 年，这一数值达到 72.58 亿吨,相比于 2001 年,短短的 9 年间增加了 31.34 亿吨,超过了过去 20 年间的增长幅度。从比重方面来看,1971 年中国的二氧化碳排放量约占全球二氧化碳排放总量的 5.6%,随后出现逐年上升的趋势,1987 年该比重超过 10%,到了 1998 年达到 14%,但是 1999—2000 年连续两年也出现了下滑的趋势。2001 年中国的碳排放量继续增加,占到全球二氧化碳排放总量的 13.1%,相比于 1971 年,20 年间该比重增长了 7.5%。2001 年以后中国二氧化碳排放占全球排放总量的比重也出现大幅攀升的趋势,到了 2010 年接近 24%,相比于 2001 年,9 年间该比重增加了 16.5%。同时中国于 2007 年超过美国成为世界上第一大二氧化碳排放国。总体来看,从 1971 年至今,中国的二氧化碳排放量及其在世界排放总量中的比重处于上升的趋势,但是 2001 年是一个拐点。1998 年东南亚金融危机在一定程度上引起了世界经济的波动,并通过贸易的方式影响到中国的生产,引起了二氧化碳排放量的微量下降。2001 年底中国正式成为世界贸易组织的成员国,扩大了对外开放力度,为中国对外贸易的发展以及世界贸易的繁荣都提供了强大的动力,从而拉动了中国经济的发展,同时引起了二氧化碳排放量的大幅度上升,因此从这一点来看,贸易的发展对于我国二氧化碳排放的增长产生了非常重要的作用。但是这只是一种表面现象,两者之间关系究竟如何,仍需要利用实证数据进行检验。

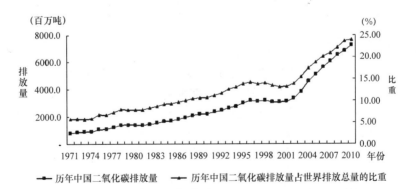

图 5-1　1971—2010 年中国二氧化碳排放总量及其占世界的比重

资料来源:IEA:"CO_2 Emissions from Fuel Combustion 2012",http://www.iea.org/publications/freepublications/.

（二）历年单位 GDP 二氧化碳排放量及人均排放量

除了分析历年的二氧化碳排放量及其在世界排放总量中的比重之外，了解单位 GDP 的碳排放量以及人均排放量有助于更加全面地掌握中国二氧化碳排放的情况。图 5-2 同样是根据国际能源机构的统计数据绘制的历年中国单位 GDP 的二氧化碳排放量以及人均二氧化碳排放量的趋势图。从单位 GDP 的碳排放量来看，1978 年中国进行改革开放之前出现了比较明显的上升趋势，但是 1978 年以后基本上呈现出一种逐年下降的趋势，2010 年单位 GDP 的碳排放量为 1.79（千克/美元），仅为 1978 年的（6.17 千克/美元）的 29% 左右。由于单位 GDP 的碳排放量即碳排放强度代表一种技术水平，因此验证了理论部分中关于贸易自由化通过一种技术效应降低碳排放水平的假说。从人均 GDP 的碳排放量来看，与前文中碳排放总量的变化趋势基本一致，呈现出一种逐年上升的趋势，但是以 2001 年为分界点，之前上升的幅度较小，之后开始大幅度上升。2010 年中国人均碳排放量达到 5.4 吨，而 1971 年这一数值仅为 0.96 吨，40 年间增长了近 5 倍。

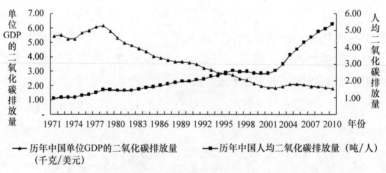

图 5-2　1971—2010 年中国单位 GDP 的二氧化碳排放量
以及人均二氧化碳排放量

资料来源：IEA："CO_2 Emissions from Fuel Combustion 2012"，http：//www. iea. org/publications/freepublications/.

二　中国二氧化碳排放的分行业测算结果

（一）各行业的直接二氧化碳排放量

利用历年中国统计年鉴中对于各行业不同能源使用量的统计，结合

（5—1）式，可以计算出历年各行业的直接二氧化碳排放量，见表5－4。

首先从横向来看，绝大多数行业的直接碳排放量呈现出逐年上升的趋势，上升幅度较大的行业包括石油加工、炼焦及核燃料业、化学原料及化学制品制造业、其他非金属矿物制品业、有色金属及黑色金属冶炼及压延加工业、电力、煤气及水生产和供应业、交通运输、仓储和邮政业以及生活消费行业，尤其是有色金属及黑色金属冶炼及压延加工业在2000年的碳排放量为5.05亿吨，到了2010年则上升为16.07亿吨，11年间增加了11亿吨。其他增幅较大的石油加工、炼焦及核燃料业、化学原料及化学制品制造业、其他非金属矿物制品业、电力、煤气及水生产和供应业、交通运输、仓储和邮政业以及生活消费行业的直接碳排放量11年间的增加幅度也超过了2亿吨。而食品加工、饮料及烟草业、采矿业、木材及木材加工制品业、橡胶及塑料制品业、机械设备制造业、电器机械及器材制造业、通信设备、计算机及其他电子设备制造业、交通运输设备制造业、建筑业及批发、零售业和住宿、餐饮业等行业上升的幅度较为平缓。有些行业的直接碳排放量呈现出先上升后下降的趋势，如农林牧渔水利行业，而有些行业的直接碳排放量则呈现出先下降后上升的趋势，如仪器仪表及文化办公用机械制造业，还有些行业直接碳排放量的变化趋势较为随机，如金属制品业。

其次从纵向来看，行业间直接碳排放量的差异很大，以2010年为例，有色金属及黑色金属冶炼及压延加工业直接的碳排放量达到16.07亿吨，而仪器仪表及文化办公用机械制造业的直接碳排放量仅为150万吨。根据行业间直接碳排放量的多少可以将24种行业分为3类：高排放行业、中排放行业以及低排放行业。其中高排放类型行业分别包括：石油加工、炼焦及核燃料业；化学原料及化学制品制造业；其他非金属矿物制品业；有色金属及黑色金属冶炼及压延加工业；电力、煤气及水生产和供应业；交通运输、仓储和邮政业；生活消费行业和采矿业8种行业，这些行业的年直接碳排放量大多在2亿吨以上。中等排放类型行业分别包括：食品加工、饮料及烟草行业；纸浆、纸制品及印刷行业；其他行业；农林牧渔水利业；纺织、服装和皮革业；批发、零售业和住宿、餐饮业；机械设备制造业以及建筑业8种行业，这些行业的年直接碳排放量大多在3000万吨至1亿吨之间。低排放类型行业则包括：木材及木材加工制品业；橡胶及塑料制品业；金属制品业；仪器仪表及文化办公用机械制造业；电器机械及器材制造业；通信设备、计算机及其他电子设备制造业；交通运输设备制造业以及其他制造业8种行业，这些行业的年直接碳排放量大多在100万吨至3000万吨之间。

从总量上来看，历年的直接碳排放量也呈现出逐年上升的趋势，2000年为25.58亿吨，到了2010年则上升为53.51亿吨，11年间增加了28亿吨的直接碳排放量。从增长幅度来看，2002—2006年间直接碳排放量的增长幅度最大，年均增加4亿吨左右，2007—2009年的年均直接碳排放量增量也在4亿吨以上。

表5-4　　　　　2000—2010年各行业的直接二氧化碳排放量　　　　（百万吨）

年份\行业	2000	2001	2002	2003	2004	2005	2006	2007	2008	2009	2010
1	84.24	85.39	89.25	90.68	110.62	113.08	117.83	115.84	71.61	73.85	78.93
2	299.79	252.59	264.81	318.04	226.42	245.90	235.78	247.87	305.68	391.32	334.10
3	59.70	61.64	58.63	60.94	58.80	61.58	61.79	65.00	80.75	80.14	83.62
4	36.64	37.51	35.71	38.52	52.32	54.48	58.05	60.01	63.88	60.98	64.71
5	5.63	5.75	5.56	6.72	8.43	8.61	8.70	8.86	11.11	11.07	11.14
6	38.62	38.72	39.72	42.08	58.74	65.01	71.20	72.16	82.78	85.15	90.68
7	157.85	166.94	180.60	191.52	259.30	253.08	275.63	280.66	292.81	326.49	353.21
8	326.56	318.04	332.26	337.53	365.38	424.76	451.27	483.30	548.41	535.27	533.19
9	10.76	11.24	10.19	11.18	15.51	15.56	15.65	15.87	19.87	20.49	22.33
10	230.43	214.55	212.62	254.56	359.85	372.64	377.30	384.17	507.12	519.67	511.50
11	505.27	514.27	570.25	700.03	834.26	1035.2	1215.3	1318.8	1356.4	1455.7	1607.4
12	10.26	10.98	11.61	10.55	10.56	10.80	10.99	11.32	13.88	13.99	12.93
13	25.08	25.15	25.07	27.51	31.69	33.82	40.26	42.32	45.33	52.17	54.64
14	1.11	1.10	1.14	1.60	0.97	0.94	0.95	0.98	1.33	1.46	1.50
15	5.65	5.67	5.55	6.02	6.34	6.32	6.37	6.42	8.31	12.58	10.53
16	3.83	4.17	4.95	5.14	6.42	6.71	6.37	6.94	9.00	8.48	8.46
17	17.02	17.90	17.78	18.14	22.35	22.53	23.07	23.84	29.34	29.77	30.69

续表

年份 行业	2000	2001	2002	2003	2004	2005	2006	2007	2008	2009	2010
18	8.23	7.33	7.16	8.53	13.39	11.03	10.69	10.03	11.16	10.58	11.11
19	230.29	229.39	260.76	305.44	335.85	364.72	400.69	423.71	429.09	586.45	515.56
20	21.90	22.91	24.29	25.44	28.74	30.78	32.05	32.47	31.71	34.70	39.80
21	33.24	34.15	35.19	39.27	43.60	47.12	49.93	53.85	49.56	56.13	58.01
22	195.94	199.93	214.42	243.46	287.08	321.57	359.17	400.13	441.98	454.53	498.89
23	73.13	75.45	75.76	74.50	85.03	82.74	82.26	77.35	111.82	114.32	123.23
24	177.07	178.67	176.29	189.60	193.87	208.55	208.76	213.11	266.35	273.46	295.00
总计	2558.3	2519.4	2659.6	3007	3415.5	3797.5	4120	4355	4789.3	5208.8	5351.1

注：历年中国统计年鉴中对于煤炭开采和洗选业、石油加工、炼焦及核燃料加工业以及电力、煤气和水的生产和供应业 3 个行业的不同能源折合标准煤的消费量之和远远大于其统计的能源消费总量，如果按照前者计算将会高估这些行业的碳排放总量，因此本书将按照后者即统计年鉴中关于各行业的能源消费总量进行估算，由于该消费总量是以标准煤为计量单位的，借鉴李小平等人（2010）的研究，将标准煤的碳排放系数定为 2.13 千克 CO_2／千克标准煤。

资料来源：根据相关数据及公式计算得出。

（二）各行业的直接碳排放强度

利用（5—3）式，以各行业的历年直接碳排放量除以其工业增加值便得到各行业的历年直接碳排放强度，详见表 5 - 5。从横向来看，总体上各行业的直接碳排放强度基本呈现出逐年下降的趋势，2000 年亿元产值直接碳排放量超过 0.05 百万吨的有 8 大行业，分别为：采矿业；纸浆及纸制品与印刷业；石油加工、炼焦及核燃料业；其他非金属矿物制品业；有色金属及黑色金属冶炼及压延加工业；化学原料及化学制品制造业；电力、煤气及水生产和供应业以及其他制造业。到了2010 年，亿元产值直接碳排放量超过 0.05 百万吨的只剩下石油加工、炼焦及核燃料业、其他非金属矿物制品业以及有色金属及黑色金属冶炼及压延加工业 3 个行业。分行业来看，部分行业的直接碳排放强度变化幅度较大，如有色金属及黑色金属冶炼及压延加工业，2000 年该行业亿元产值的碳排放量为 0.2789 百万吨，但到了 2010 年则下降为 0.0875 百万吨，同时采矿业、石油加工、炼焦及核燃料业、其他非金属矿物制品业以及有色金属及黑色金属冶炼及压延加工业的直接碳排放强度降低的幅度也较大。而有些行业的直接碳排放强度降低的幅度较小，如通信设备、计算机及其他电子设备制造业 11 年间直接碳排放强度的下降量仅为 0.0013，农林牧渔水利业、电器机械及器材制造业、建筑业以及批发、零售业和住宿、餐饮业的下降量也不超过 0.004，出现这些情况的主要原因在于这些行业的直接碳排放强度本身就比较低。

从纵向来看，各行业之间的直接碳排放强度差别较大，以 2000 年为例，有色金属及黑色金属冶炼及压延加工业的直接碳排放强度达到 0.2789，而通信设备、计算机及其他电子设备制造业的直接碳排放强度仅为 0.002，即使到 2010 年，两种行业之间的差距仍有 100 多倍。根据各行业间的直接碳排放强度不同，也可以将 24 种行业分为高排放类型行业、中等排放类型行业以及低排放类型行业。其中高排放类型行业的年直接碳排放强度基本上在 0.02—0.3 之间，分别包括：采矿业；纸浆及纸制品与印刷业；石油加工、炼焦及核燃料业；化学原料及化学制品制造业；其他非金属矿物制品业；有色金属及黑色金属冶炼及压延加工业；电力、煤气及水生产和供应业；交通运输、仓储和邮政业 8 类行业；中等排放类型行业的年直接碳排放强度基本在 0.007—0.02 之间，包括：食品加工、饮料及烟草业；纺织、服装和皮革业；木材及木材加工制品业；橡胶及塑料制品业；金属制品业；机械设备制造业；其他制造业以及生活消费 8 类行业；低排放类型行业的年直接碳排放强度大多在 0.007 以下，包括：农林牧渔水利业；仪器仪表及文化办公用机械制造业；电器机械及器材制造业；通信设备、计算机及其他电子设备制造业；批发、零售业和住宿、餐饮业；交通运输设备制造业；建筑业以及其他行业 8 类行业。通过与第（一）部分内容的比较可以看出，原本属于高排放类型的生活消费行业以及属于中等排放类型的其他行业、农林牧渔业、批发零售等行业及建筑业分别归入了中等排放及低排放的类型中，说明这 3 种行业的直接碳排放强度并不高，而大量的碳排放主要来源于高产出。

表 5 – 5　　　　　　　　2000—2010 年各行业直接碳排的强度（百万吨 CO_2/亿元）

行业\年份	2000	2001	2002	2003	2004	2005	2006	2007	2008	2009	2010
1	0.0056	0.0054	0.0054	0.0052	0.0052	0.0050	0.0049	0.0040	0.0021	0.0021	0.0019
2	0.0943	0.0812	0.0805	0.0789	0.0331	0.0278	0.0210	0.0183	0.0200	0.0234	0.0183
3	0.0213	0.0197	0.0157	0.0135	0.0097	0.0086	0.0070	0.0057	0.0062	0.0054	0.0050
4	0.0167	0.0152	0.0129	0.0113	0.0112	0.0097	0.0083	0.0069	0.0066	0.0058	0.0054
5	0.0223	0.0185	0.0157	0.0150	0.0117	0.0096	0.0073	0.0053	0.0056	0.0049	0.0040
6	0.0502	0.0431	0.0377	0.0332	0.0350	0.0327	0.0296	0.0241	0.0244	0.0229	0.0211
7	0.2003	0.1890	0.1799	0.1488	0.1575	0.1277	0.1191	0.0906	0.0906	0.0961	0.0948
8	0.1392	0.1249	0.1128	0.0892	0.0698	0.0663	0.0578	0.0463	0.0474	0.0404	0.0350
9	0.0157	0.0142	0.0108	0.0099	0.0098	0.0083	0.0066	0.0051	0.0057	0.0052	0.0048
10	0.2045	0.1770	0.1557	0.1455	0.1503	0.1327	0.1032	0.0792	0.0895	0.0799	0.0654
11	0.2789	0.2424	0.2351	0.1879	0.1387	0.1343	0.1191	0.0978	0.0918	0.0889	0.0875
12	0.0168	0.0154	0.0138	0.0109	0.0074	0.0064	0.0049	0.0038	0.0040	0.0037	0.0029
13	0.0176	0.0156	0.0130	0.0106	0.0083	0.0073	0.0066	0.0052	0.0047	0.0048	0.0042
14	0.0052	0.0046	0.0043	0.0036	0.0016	0.0013	0.0010	0.0008	0.0010	0.0011	0.0009
15	0.0046	0.0041	0.0035	0.0030	0.0021	0.0018	0.0014	0.0011	0.0012	0.0016	0.0011
16	0.0021	0.0020	0.0020	0.0015	0.0014	0.0012	0.0009	0.0009	0.0010	0.0009	0.0008
17	0.0129	0.0110	0.0082	0.0063	0.0065	0.0059	0.0047	0.0034	0.0037	0.0031	0.0026
18	0.0999	0.0890	0.0325	0.0238	0.0270	0.0175	0.0134	0.0093	0.0092	0.0079	0.0070
19	0.0916	0.0790	0.0769	0.0789	0.0646	0.0596	0.0540	0.0446	0.0414	0.0533	0.0421
20	0.0066	0.0057	0.0052	0.0055	0.0051	0.0045	0.0039	0.0033	0.0027	0.0022	0.0021
21	0.0032	0.0030	0.0028	0.0027	0.0027	0.0026	0.0023	0.0020	0.0015	0.0016	0.0013
22	0.0318	0.0291	0.0286	0.0308	0.0309	0.0301	0.0295	0.0274	0.0270	0.0266	0.0263
23	0.0089	0.0083	0.0076	0.0067	0.0068	0.0057	0.0045	0.0030	0.0038	0.0031	0.0028
24	0.0126	0.0106	0.0089	0.0084	0.0073	0.0066	0.0057	0.0048	0.0051	0.0047	0.0044

　　注：由于中国统计年鉴中缺少对 2000—2002 年其他制造业增加值的统计，同样采用线性插值的方法进行补充，根据插值的结果得出该行业 2000—2002 年的直接碳排放强度。

　　资料来源：根据相关数据及公式计算得出。

（三）各行业的完全碳排放强度

利用（5—13）式，本章计算出了 2000—2010 年中国各行业的完全碳排放强度，见表 5-6，通过与表 5-5 的对比可以看出，各行业历年的完全碳排放强度相比于直接碳排放强度均有不同程度的上升，反映了在纳入投入产出关系以后，各行业为生产单位产品所排放的二氧化碳远远高于其在生产过程中直接排放的二氧化碳，使用完全碳排放强度可以更加全面地计算中国各行业真实的二氧化碳排放量。其中，直接碳排放强度较小的电器机械及器材制造业、交通运输设备制造业以及建筑业在考虑了投入产出关系以后，完全碳排放强度出现了大幅度的攀升。

表 5-6　　　　　2000—2010 年中国各行业完全碳排放强度

（百万吨 CO_2/亿元）

年份 行业	2000	2001	2002	2003	2004	2005	2006	2007	2008	2009	2010
1	0.0563	0.0509	0.0473	0.0408	0.0345	0.0279	0.0252	0.0205	0.0182	0.0178	0.0161
2	0.1642	0.1432	0.1390	0.1302	0.0747	0.0757	0.0636	0.0529	0.0538	0.0587	0.0502
3	0.0710	0.0644	0.0569	0.0493	0.0398	0.0381	0.0333	0.0271	0.0267	0.0255	0.0232
4	0.0837	0.0753	0.0676	0.0579	0.0505	0.0519	0.0456	0.0372	0.0363	0.0344	0.0312
5	0.1092	0.0955	0.0872	0.0765	0.0623	0.0617	0.0533	0.0425	0.0421	0.0408	0.0366
6	0.1268	0.1109	0.1002	0.0875	0.0810	0.0907	0.0811	0.0660	0.0659	0.0633	0.0577
7	0.3001	0.2773	0.2648	0.2260	0.2106	0.1836	0.1672	0.1302	0.1305	0.1389	0.1325
8	0.2657	0.2379	0.2177	0.1791	0.1423	0.1409	0.1236	0.0994	0.1004	0.0921	0.0809
9	0.1227	0.1098	0.0986	0.0841	0.0707	0.0795	0.0690	0.0557	0.0560	0.0567	0.0510
10	0.3328	0.2907	0.2620	0.2392	0.2295	0.1892	0.1527	0.1194	0.1294	0.1208	0.1020
11	0.4823	0.4216	0.4067	0.3331	0.2520	0.2323	0.2058	0.1686	0.1599	0.1576	0.1521
12	0.2254	0.1984	0.1890	0.1570	0.1205	0.1137	0.1000	0.0815	0.0785	0.0778	0.0731
13	0.1738	0.1530	0.1436	0.1198	0.0938	0.0925	0.0821	0.0668	0.0641	0.0636	0.0594

续表

年份 行业	2000	2001	2002	2003	2004	2005	2006	2007	2008	2009	2010
14	0.0616	0.0544	0.0509	0.0428	0.0329	0.0419	0.0366	0.0297	0.0296	0.0292	0.0265
15	0.1504	0.1327	0.1247	0.1047	0.0832	0.0687	0.0605	0.0492	0.0480	0.0474	0.0438
16	0.0718	0.0637	0.0596	0.0500	0.0405	0.0372	0.0325	0.0265	0.0264	0.0258	0.0235
17	0.1294	0.1136	0.1040	0.0864	0.0711	0.0802	0.0704	0.0569	0.0555	0.0541	0.0503
18	0.1970	0.1753	0.1118	0.0910	0.0825	0.0649	0.0552	0.0433	0.0424	0.0405	0.0369
19	0.1867	0.1639	0.1578	0.1509	0.1221	0.1102	0.0984	0.0808	0.0773	0.0917	0.0764
20	0.1653	0.1460	0.1362	0.1190	0.1029	0.0763	0.0664	0.0538	0.0527	0.0516	0.0473
21	0.0575	0.0515	0.0478	0.0416	0.0360	0.0263	0.0235	0.0192	0.0184	0.0186	0.0169
22	0.1168	0.1063	0.1016	0.0936	0.0867	0.0845	0.0787	0.0669	0.0662	0.0673	0.0646
23	0.0716	0.0644	0.0595	0.0516	0.0455	0.0399	0.0349	0.0277	0.0282	0.0274	0.0252
24	0.0670	0.0589	0.0537	0.0480	0.0407	0.0323	0.0284	0.0233	0.0233	0.0234	0.0211

资料来源：根据相关数据计算整理得出。

为了更加清楚直观地显示各行业的完全碳排放强度随时间变化的趋势，文中列出 24 个行业完全碳排放强度的趋势图（见图 5-3）。

从图 -3 可以看出，2000—2010 年中国各行业的完全碳排放强度总体上处于不断下降的趋势，2000 年完全碳排放强度超过 0.1 的行业共有 16 个，2005 年减少为 6 个，而到了 2010 年则只剩下 3 个。其中有 7 大行业下降的幅度最为明显，分别为：石油加工、炼焦及核燃料业；化学原料及化学制品制造业；其他非金属矿物制品业；有色金属及黑色金属冶炼及压延加工业；金属制品业；其他制造业；电力、煤气及水生产和供应业。由于上述行业均属于高耗能、高排放的行业，这种不断下降的变化趋势反映出近些年中国在节能减排、降低能耗方面所做出的努力，也在一定程度上反映出了中国产业结构的逐渐升级以及经济增长方式的逐步转变。

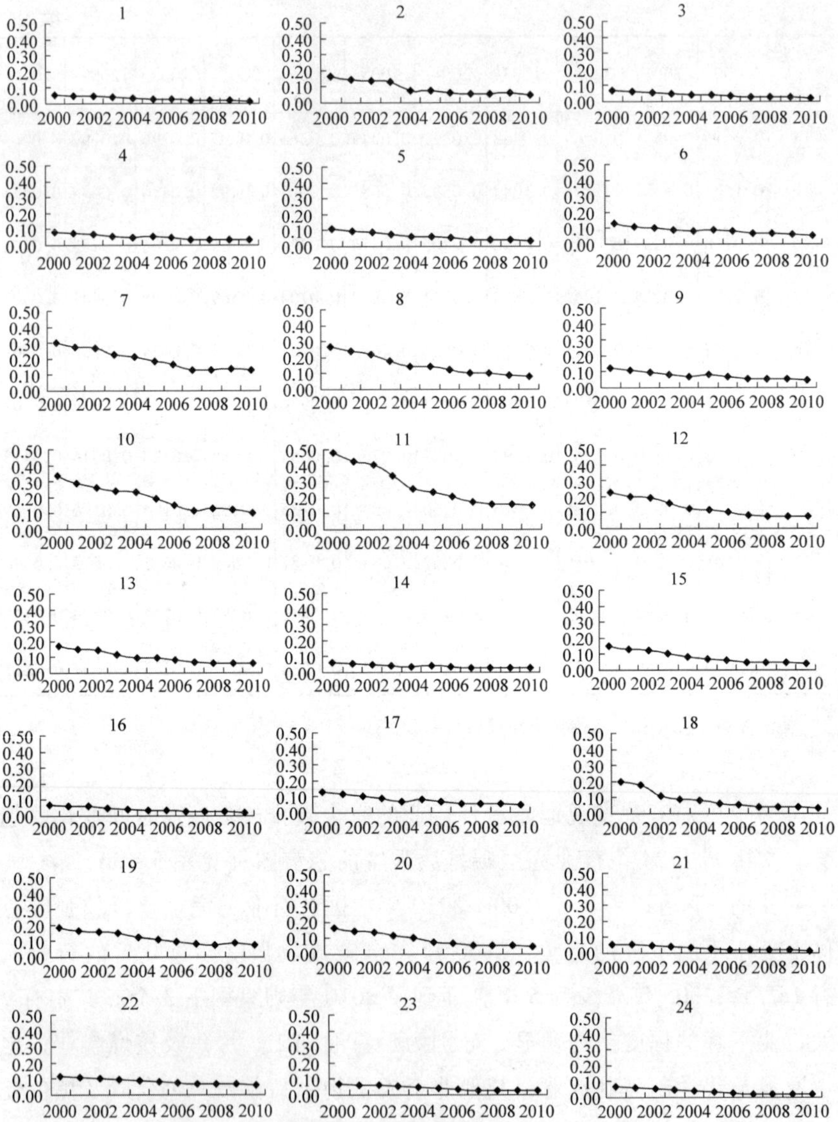

图 5 - 3   中国各行业完全碳排放强度的变动趋势（2000—2010 年）

注：1—24 分别代表 24 个行业门类，各图中的纵坐标表示完全碳排放强度（单位：百万吨 CO_2/亿元），横坐标代表年份。

资料来源：根据相关数据及公式计算整理得出。

同时，与行业间动辄上百倍的直接碳排放强度差距相比，行业间完全碳排放强度的差距在缩小，但是从绝对量方面来看依旧很大，以2000年为例，有色金属及黑色金属冶炼及压延加工业的完全碳排放强度为0.4823，而农林牧渔水利业的完全碳排放强度只有0.0562，到了2010年，两种行业的完全碳排放强度数值分别为0.1521与0.0161，仍有将近10倍的差距。根据各行业的完全碳排放强度的差异可以将24个行业分为三类：高碳排放行业、中碳排放行业以及低碳排放行业，详见表5-7，其中高碳排放行业的年均完全碳排放强度大多在0.1以上，中碳排放行业的年均完全碳排放强度大多在0.06至0.1之间，而低碳排放行业的年均完全碳排放强度均在0.06以下。

表5-7　　　2000—2010年中国各行业的平均完全碳排放强度

碳排放强度	行业名称	年平均完全碳排放强度（百万吨 CO_2/亿元）
高碳排放行业（年平均碳排放强度 >0.101）	有色金属及黑色金属冶炼及压延加工业	0.2972
	其他非金属矿物制品业	0.2167
	石油加工、炼焦及核燃料	0.2161
	化学原料及化学制品制造业	0.1680
	金属制品业	0.1414
	电力、煤气及水生产和供应业	0.1316
	机械设备制造业	0.1112
	建筑业	0.1017
中碳排放行业（0.06 < 年平均碳排放强度 <0.101）	采矿业	0.1006
	其他制造业	0.0940
	纸浆、纸制品、印刷业	0.0933
	电器机械及器材制造业	0.0931
	交通运输、仓储和邮政业	0.0913
	交通运输设备制造业	0.0872
	橡胶及塑料制品业	0.0853
	木材及木材加工制品业	0.0707
低碳排放行业（年平均碳排放强度 <0.06）	纺织、服装和皮革业	0.0571
	其他行业	0.0475
	通信设备、计算机及其他电子设备制造业	0.0457
	食品加工、饮料及烟草业	0.0455
	仪器仪表及文化办公用机械制造业	0.0436
	生活消费	0.0420
	批发、零售业和住宿、餐饮业	0.0357
	农林牧渔水利业	0.0355

资料来源：根据相关数据及公式计算整理得出。

（四）各行业的完全碳排放量

利用（5—14）式，计算出了 2000—2010 年中国各行业的完全碳排放量，见表 5 - 8。通过与表 5 - 4 的对比可以看出，各行业历年的完全碳排放量相比于直接碳排放量均有不同程度的上升，这主要是因为完全碳排放强度相比于直接碳排放强度有了大幅度的提升。

表 5 - 8　　　　2000—2010 年中国各行业的完全碳排放量　　　（百万吨）

年份 行业	2000	2001	2002	2003	2004	2005	2006	2007	2008	2009	2010
1	841.1	763.1	728.0	701.9	823.0	625.9	612.6	579.6	637.1	626.4	645.4
2	521.8	423.2	425.6	519.1	568.8	669.1	720.2	707.0	856.4	979.5	904.2
3	199.2	191.4	197.7	219.6	267.7	272.2	295.2	302.5	359.7	374.5	383.9
4	183.2	176.4	174.3	195.7	263.5	290.8	320.8	317.9	363.9	360.8	366.2
5	27.5	28.1	28.6	34.0	50.0	55.3	63.9	70.3	86.9	92.4	99.7
6	97.5	94.6	98.3	109.6	151.4	180.5	197.3	194.6	232.5	234.7	244.2
7	236.5	232.5	247.2	288.1	386.0	363.8	390.7	397.4	438.2	470.6	486.4
8	623.1	575.1	596.5	671.1	829.4	902.5	974.7	1023.1	1208.6	1215.9	1216.5
9	83.8	82.7	86.1	94.3	124.4	148.4	166.0	170.1	203.6	221.8	232.5
10	374.9	334.4	332.6	414.2	611.7	531.2	563.9	570.7	762.5	782.9	786.9
11	874.0	849.1	917.5	1228.5	1687.1	1790.2	2120.6	2240.6	2456.1	2572.9	2756.1
12	137.4	134.4	147.9	150.9	192.2	192.6	224.8	241.8	282.4	295.2	326.5
13	247.1	233.7	258.5	308.1	399.0	430.2	505.6	538.4	644.1	684.6	767.0
14	13.2	12.3	12.7	18.9	22.1	30.7	35.8	34.1	40.4	38.9	41.8

续表

年份 行业	2000	2001	2002	2003	2004	2005	2006	2007	2008	2009	2010
15	185.3	173.7	183.8	209.7	273.3	245.4	282.0	293.3	356.5	378.7	410.6
16	130.9	123.0	139.7	172.5	211.8	212.7	232.5	207.1	243.4	240.5	252.7
17	171.3	176.1	210.7	247.8	273.8	307.3	350.8	391.4	463.5	513.2	577.4
18	16.2	13.7	22.9	32.3	45.6	41.0	44.6	46.1	53.5	53.8	57.8
19	469.4	452.0	497.3	578.5	706.6	674.0	737.5	756.9	832.8	1006.6	921.5
20	552.4	557.6	595.3	548.1	649.2	526.3	544.4	527.0	652.4	803.5	885.2
21	354.3	335.7	332.7	326.0	372.9	281.0	289.4	276.3	313.7	316.5	316.7
22	1203	1162	1202	1324.8	1555	1534	1695.3	1746.1	2256.5	2422.8	2792.1
23	589.5	554.8	551.0	570.4	636.2	582.6	650.0	714.1	866.6	995.2	1074.9
24	939.5	944.9	985.5	1075.2	1204.9	1016.5	1050.1	1015.4	1273.6	1352.3	1396.0
总计	9073	8625	8973	10039	12306	11905	13069	13362	15885	17034	17942

资料来源：根据相关的数据及公式计算得出。

　　为了更加清楚地表现各行业的完全碳排放量的时间变化趋势，文中列出了24个行业完全碳排放量的趋势图，见图5-4。总体来看，大部分行业的完全碳排放量呈逐年上升的趋势，尤其以化学原料及化学制品制造业、其他非金属矿物制品业、有色金属及黑色金属冶炼及压延加工业、机械设备制造业、交通运输、仓储和邮政业上升幅度最为明显。这些行业的产品大多没有进入最终消费领域，而是作为生产投入用于其他部门的生产，近些年中国经济的增长以及贸易的繁荣扩大了对于这些行业产品的需求，因此，尽管完全碳排放强度持续下降，但是由于产出的大量增长仍然推动着完全碳排放量大幅度地向上攀升。

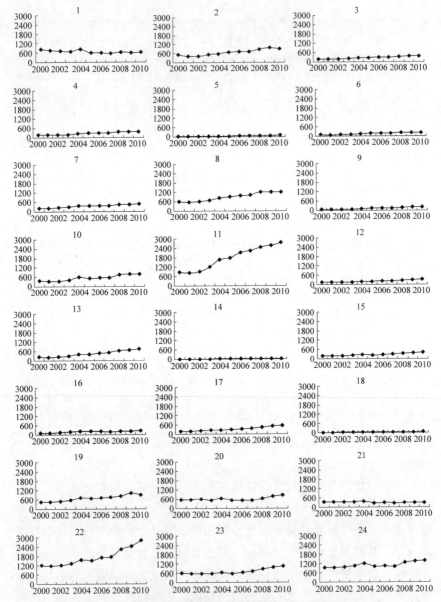

图 5 - 4　中国各行业的完全碳排放量的变化趋势（2000—2010 年）

注：1—24 分别代表 24 个行业门类，各图中的纵坐标表示完全碳排放强度（百万吨 CO_2／亿元），横坐标代表年份。

资料来源：根据相关数据及公式计算整理得出。

从纵向来看，各行业间的完全碳排放量存在很大的差异，这里仍然可以根据各行业完全碳排放量的差异将 24 个行业分为三类：高碳排放行业、中碳排放行业以及低碳排放行业，见表 5 - 9。

表 5 - 9　　　　2000—2010 年中国各行业的平均完全碳排放量

碳排放水平	行业名称	年平均完全碳排放量 （百万吨）
高碳排放行业 （年平均碳排放量 >650）	有色金属及黑色金属冶炼及压延加工业	1772.1
	交通运输、仓储和邮政业	1717.8
	生活消费行业	1114.0
	化学原料及化学制品制造业	894.2
	其他行业	707.8
	电力、煤气及水生产和供应业	693.9
	农林牧渔水利业	689.5
	采矿业	663.2
中碳排放行业 （274 < 年平均 碳排放量 <650）	建筑业	621.9
	其他非金属矿物制品业	551.4
	机械设备制造业	456.0
	石油加工、炼焦及核燃料业	357.9
	交通运输设备制造业	334.8
	批发、零售业和住宿、餐饮业	319.6
	食品加工、饮料及烟草业	278.5
	纺织、服装和皮革业	274.0
低碳排放行业 （年平均碳排放量 <274）	电器机械及器材制造业	272.0
	金属制品业	211.4
	通信设备、计算机及其他电子设备制造业	197.0
	纸浆、纸制品、印刷业	166.8
	橡胶及塑料制品业	146.7
	木材及木材加工制品业	57.9
	其他制造业	38.9
	仪器仪表及文化办公用机械制造业	27.3

资料来源：根据相关数据及公式计算整理得出。

通过与表5-7的对比可以发现，各种类型行业的变化非常明显。首先，完全碳排放强度水平较高的其他非金属矿物制品业、石油加工、炼焦及核燃料业、机械设备制造业以及建筑业被归入中碳排放行业，而金属制品业则被归入低碳排放行业。完全碳排放强度位于中等水平的其他制造业、纸浆及纸制品业、电器机械及器材制造业、橡胶及塑料制品业以及木材及木材加工制品等行业被归入低碳排放行业。由此可见，尽管上述行业的完全碳排放强度较高或相对较高，但是由于历年的增加值相对较低，因此完全碳排放总量并不是太高。其次，原本属于中碳排放行业的采矿业以及原本属于低碳排放行业的其他行业、生活消费行业以及农林牧渔水利业由于增加值相对较高被归入高碳排放行业，此外，原本属于低碳排放行业的食品加工、饮料及烟草业、纺织、服装和皮革业以及批发、零售业和住宿、餐饮业也被归入中碳排放类型的行业中。由此可见，分析一个行业的碳排放水平不仅要看其完全碳排放强度，还要看其碳排放总量。

第三节　中国出口贸易中的二氧化碳排放特征

一　中国出口贸易中二氧化碳排放的总量特征

利用（5—11）式与（5—16）式可以计算出历年出口贸易中的直接二氧化碳排放总量以及完全二氧化碳排放总量，见图 5 - 5 及图 5 - 6。可以看出，中国历年出口贸易中的直接碳排放总量以及完全碳排放总量基本呈现出逐年缓慢上升的趋势，根据表 5 - 5 与表 5 - 6 可知，绝大多数行业的直接碳排放强度以及完全碳排放强度是逐年下降的，这说明拉动中国出口贸易二氧化碳排放量平缓上升的主要原因在于出口金额的大幅度攀升。2008 年与 2009 年中国出口贸易中的碳排放量出现了下降的现象，这主要是由于2008 年世界经济危机导致出口金额大幅度减少所引起的，2010 年出口金额开始回升，从而引起出口贸易中碳排放量的再次上升。

图 5 - 5 及图 5 - 6 同样给出了中国历年直接碳排放总量以及完全碳排放总量的变化趋势，可以看出，无论是直接碳排放总量还是完全碳排放总量均呈现出逐年攀升的趋势，而且上升的幅度超过出口贸易中两者的上升幅度。通过观测两个图形中的趋势线可以判断，如果出口贸易是导致中国碳排放总量逐年大幅度攀升的重要原因，则历年中国出口贸易中碳排放量的趋势线与碳排放总量趋势线的变化走势至少应该是一样的，但是出口贸易中的直接碳排放总量与中国直接碳排放总量的差距在逐渐拉大，并形成一种"剪刀差"，而出口贸易中的完全碳排放总量与中国完全碳排放总量在 2008 年之前的变化趋势大致相似，但是在 2008年之后，两者的差距却拉大了。图 5 - 5 及图 5 - 6 同时给出了历年出口

贸易中的直接碳排放量占直接碳排放总量比重的趋势线以及历年出口贸易中的完全碳排放量占完全碳排放总量比重的趋势线，前者呈现出比较明显的下降趋势，而后者在2008年之前呈现出缓慢上升的趋势，但是在2008年之后也大幅下降。通过以上分析可以看出，就直接碳排放量而言，出口贸易对于中国二氧化碳排放增长的正向影响并不明显，但是就完全碳排放量而言，剔除金融危机的影响，初步判断出口贸易对于中国二氧化碳排放的增长是正向的，第六章将通过计量模型对此进行实证检验。

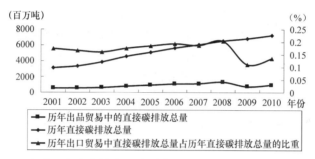

图5-5 历年出口贸易中的直接碳排放量及其在直接碳排放总量中的比重

资料来源：历年直接碳排放总量来源于国际能源机构网站的统计，出口贸易中的直接碳排放量及其在直接碳排放总量中的比重则是根据上述公式及相关数据计算得出的。

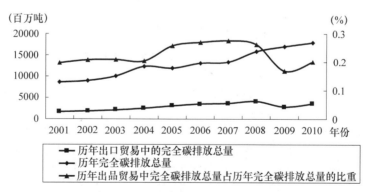

图5-6 历年出口贸易中完全碳排放量及其在完全碳排放总量中的比重

资料来源：根据上述公式及相关数据计算得出。

二　中国出口贸易中二氧化碳排放的分行业特征

由于本书只考察商品贸易，根据 OECD 数据库的数据统计，只有农林牧渔水产业以及工业行业存在出口贸易行为，因此，关于中国出口贸易中二氧化碳排放量的测算仅涉及表 5－2 中的第 1 类至第 18 类行业①。

（一）各行业出口贸易中的直接二氧化碳排放量

根据（5—9）式及相关数据可以计算出各行业出口贸易中的直接二氧化碳排放量，计算结果见表 5－10。可以看出，首先各出口行业之间直接碳排放量差别较大，排放量较多的行业分别为有色金属及黑色金属冶炼及压延加工业、化学原料及化学制品制造业、其他非金属矿物制品业、石油加工、炼焦及核燃料业，这些行业出口贸易中的年均二氧化碳排放量都超过 5000 万吨，前两类行业的排放量甚至超过 1 亿吨。大量的直接碳排放一方面源自于较高的直接碳排放强度，另一方面是因为较多的出口贸易量。而排放量较少的行业如仪器仪表及文化办公用机械制造业、农林牧渔水利业、木材及木材加工制品业、金属制品业等，这些行业出口贸易中的二氧化碳排放量均不超过 500 万吨。图 5－7 描述了各行业出口贸易的直接碳排放量占出口贸易直接碳排放总量的比重，可以更加清晰地看出各出口行业直接碳排放水平的差距。

表 5－10　　　　2001—2010 年中国各行业出口贸易中的直接碳排放量　（百万吨）

年份 行业	2001	2002	2003	2004	2005	2006	2007	2008	2009	2010
1	2.10	2.59	3.15	2.76	3.12	2.99	2.87	1.42	1.50	1.69
2	37.39	36.03	39.73	19.80	22.41	15.35	12.10	17.18	10.79	9.59
3	16.68	14.11	13.19	10.82	11.35	10.55	9.81	11.28	10.79	9.41
4	9.44	9.19	10.05	12.00	12.65	13.64	13.56	14.24	11.36	13.15
5	2.71	2.60	2.74	2.34	1.96	1.48	1.07	1.12	1.07	1.40
6	7.71	8.02	9.26	11.68	14.20	16.70	19.27	19.87	17.57	19.51
7	54.43	56.62	72.37	111.47	100.93	96.33	92.49	136.57	93.06	132.07

---

① 其中第 19 类电力煤气及水的生产和供应业属于国家管制行业，OECD 缺少对此类行业贸易数据的统计。

续表

年份 行业	2001	2002	2003	2004	2005	2006	2007	2008	2009	2010
8	140.5	147.2	150.55	159.36	201.77	208.55	225.92	276.22	180.57	214.25
9	9.06	8.27	9.37	12.45	13.87	13.47	11.98	13.87	11.23	13.78
10	68.18	74.95	88.39	122.60	144.47	140.63	121.59	153.88	120.50	130.18
11	134.1	142.4	163.43	269.81	338.30	488.74	534.33	587.34	220.76	346.48
12	2.85	3.00	3.10	3.57	4.01	4.52	4.70	6.10	3.13	3.58
13	21.55	22.80	25.66	28.31	32.26	37.44	42.93	44.72	36.91	41.57
14	0.39	0.41	0.47	0.31	0.37	0.36	0.33	0.48	0.47	0.51
15	5.67	5.79	6.31	5.80	6.19	6.14	6.04	7.41	8.15	7.63
16	5.13	6.98	7.34	10.44	11.99	11.60	13.18	15.09	12.25	13.91
17	8.65	7.30	8.21	11.63	14.14	14.88	14.67	18.76	13.20	16.21
18	16.66	7.81	7.01	9.90	8.23	7.71	6.63	7.82	5.84	6.31
总计	543.3	556.2	620.32	805.05	942.22	1091.00	1133.4	1333.3	759.16	981.25

注：部分行业个别年份出口贸易中的直接碳排放量超过该行业的直接碳排放总量，这是因为各行业产业增加值与出口贸易数值统计口径不一致造成的，由于本部分主要考察各出口行业碳排放水平的变化趋势，因此对于分析结果的影响不大。

资料来源：根据相关公式与数据计算得出。

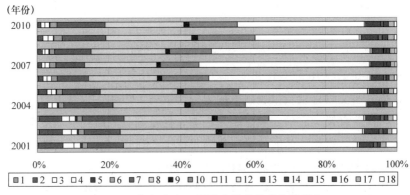

图 5-7　各行业出口贸易中的直接碳排放量占
出口贸易直接碳排放总量的比重

注：条形图从左至右分别代表第 1 至第 18 类行业门类。

资料来源：根据相关公式与数据计算得出。

其次，少量行业出口贸易的直接碳排放量存在逐年下降的趋势，例如农林牧渔水利业、采矿业、木材及木材加工制品业，但是因为这些行业出口贸易的直接碳排放量较少，因此并不能对出口贸易中的排放总量产生影响。绝大多数行业出口贸易中的直接碳排放量均呈现一种上升的趋势，尤其是有色金属及黑色金属冶炼及压延加工业上升的幅度最大，10 年间增加了 2000 余万吨。石油加工、炼焦及核燃料业、化学原料及化学制品制造业、其他非金属矿物制品业等行业 10 年间的增幅也超过 700 万吨。但其他行业出口贸易中直接二氧化碳排放量的增幅均较小，这一方面是因为直接碳排放强度较低，另一方面是因为出口贸易量较少。

（二）各行业出口贸易中的完全二氧化碳排放量

根据（5—15）式及相关数据可以计算出各行业出口贸易中的完全二氧化碳排放量，计算结果见表 5 - 11。可以看出，首先，在纳入投入产出关系之后，各行业出口贸易中的完全二氧化碳排放量较直接二氧化碳排放量均有了不同程度的提高，但是不同行业提高的幅度是不同的，变化最明显的行业包括机械设备制造业、电器机械及器材制造业、通信设备、计算机及其他电子设备制造业、交通运输设备制造业、金属制品业、橡胶及塑料制品业等。以通信设备、计算机及其他电子设备制造业为例，该行业是 18 个行业中出口金额最多的，2010 年出口金额占到当年中国出口总金额的 16.28%[①]。2001 年该行业出口贸易中的直接碳排放量约为 500 万吨，到了 2010 年也只增长为 1300 多万吨，但是在纳入投入产出关系之后，2001 年该行业出口贸易中的完全碳排放量约为 1.6 亿吨，而到了 2010 年则增长为 4 亿吨，出现这种情况的主要原因是完全碳排放强度较直接碳排放强度的大幅度提升。由此可以看出，尽管一些出口行业直接排放的二氧化碳量不高，但是在其上游环节却产生了大量的碳排放，这类产品的大量出口满足了国外需求，节约了其他国家的排放，但是却对国内的环境造成了严重的负面影响。

其次，从纵向来看，各出口行业的完全碳排放量差距依然较大。除了上述几个变化较大的行业之外，直接碳排放水平较高的化学原料及化学制品制造业、其他非金属矿物制品业历年的完全碳排放量大多在 1 亿

---

① 该数值根据中国统计年鉴及 OECD 数据库中提供的数据资料计算得出。

吨以上。有些行业出口贸易中的完全碳排放量较少，如农林牧渔水利业、木材及木材加工制品、仪器仪表及文化办公用机械制造业。图5－8描述了各行业出口贸易中的完全碳排放量占出口贸易完全碳排放总量的比重，可以更加清晰地看出各出口行业完全碳排放水平的差距。

表5－11　2000—2010年中国各行业出口贸易中的完全碳排放量　（百万吨）

年份 行业	2001	2002	2003	2004	2005	2006	2007	2008	2009	2010
1	19.8	22.7	24.7	18.3	17.4	15.4	14.7	12.3	12.7	14.3
2	65.9	62.2	65.6	44.7	61.0	46.5	35.0	46.2	27.1	26.3
3	54.5	51.1	48.2	44.4	50.3	50.2	46.7	48.6	51.0	43.7
4	46.8	48.2	51.5	54.1	67.7	74.9	73.1	78.3	67.4	76.0
5	14.0	14.5	14.0	12.4	12.6	10.8	8.6	8.4	8.9	12.8
6	19.8	21.3	24.4	27.0	39.4	45.8	52.8	53.7	48.6	53.4
7	79.9	83.3	109.9	149.1	145.1	135.2	132.9	196.7	134.5	184.6
8	267.8	284.2	302.3	324.9	428.8	446.0	485.0	585.1	411.7	495.2
9	70.1	75.5	79.6	89.8	132.8	140.8	130.8	136.3	122.5	146.4
10	112.0	126.1	145.3	187.2	206.0	208.1	183.3	222.5	182.2	203.0
11	233.3	246.5	289.7	490.2	585.2	844.5	921.1	1023.0	391.4	602.3
12	36.7	41.1	44.6	58.1	71.2	92.2	100.8	119.7	65.8	90.2
13	211.4	251.8	290.1	319.9	408.8	465.8	551.5	609.8	489.1	587.9
14	4.6	4.8	5.6	6.3	11.9	13.0	12.1	14.1	12.4	15.0
15	183.4	206.2	220.2	229.7	236.2	265.3	270.1	296.5	241.4	303.9
16	163.4	207.9	244.5	302.1	371.7	418.8	388.1	398.4	351.2	408.7
17	89.3	92.6	112.5	127.2	192.2	222.8	245.5	281.3	230.3	313.6
18	32.8	26.9	26.8	30.2	30.5	31.8	30.9	36.1	30.0	33.3
总计	1705	1867	2099.5	2515.7	3068.8	3528.0	3683.1	4167.1	2877.9	3610.6

资料来源：根据相关公式和数据计算得出。

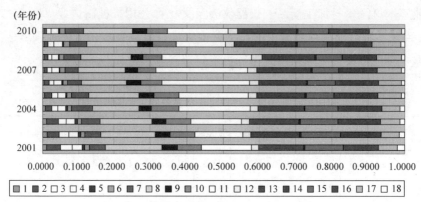

图5-8　各行业出口贸易中的完全碳排放量占
出口贸易完全碳排放总量的比重

注：条形图从左至右分别代表第1至第18类行业门类。

资料来源：根据相关公式与数据计算得出。

第四节　中国出口贸易污染避难所效应的检验

一　出口贸易中二氧化碳排放量的比重

本书在第四章的理论分析部分提及"污染避难所"效应，认为国外碳排放管制政策的单方面强化将会引起中国在碳排放密集型产品方面贸易优势的加强，从而会引起国内碳排放水平的上升，产生一种"碳泄漏"现象。如果"污染避难所"效应成立的话，则出口贸易对于中国二氧化碳排放量的正向影响可能会增强，历年高排放行业出口贸易中碳排放水平占当年碳排放总量的比重可能将会呈现出逐年加大的趋势，相应地，低排放行业出口贸易中碳排放水平占当年碳排放总量的比重可能将会呈现出逐年下降的趋势，下面将利用相关数据进行验证。

$$W_{it} = \frac{EC_{it}}{\sum_{i=1}^{n} C_{it}} \tag{5—17}$$

$$TW_{it} = \frac{ETC_{it}}{\sum_{i=1}^{n} TC_{it}} \tag{5—18}$$

其中，$i = 1,2,\cdots,n$ 表示从第 1 到第 24 类行业，t 指从 2001 年至 2010 年，W_{it} 表示历年各行业出口贸易中的直接碳排放量占当年中国直接碳排放总量的比重，而 TW_{it} 表示历年各行业出口贸易中的完全碳排放量占当年中国完全碳排放总量的比重。如前文所述，EC_{it} 与 ETC_{it} 分别表示某年第 i 行业出口贸易中的直接碳排放量与完全碳排放量，而 $\sum\limits_{i=1}^{n} C_{it}$ 与 $\sum\limits_{i=1}^{n} TC_{it}$ 分别表示某年中国的直接碳排放总量与完全碳排放总量，数据来源于前文的计算结果。图 5－9 描述了两类比重的变化趋势，其中以"■"标识的是直接碳排放量比重的趋势线，"▲"标识的是完全碳排放量比重的趋势线。可以看出：

首先，大多数行业出口贸易的完全碳排放量占当年完全碳排放总量的比重高于直接碳排放量占当年直接碳排放总量的比重，这表明纳入投入产出关系之后，出口贸易对于中国碳排放水平的影响加大了。大多数行业出口贸易直接碳排放量比重与完全碳排放量比重的趋势线是一致的，但是对于第 12 至第 17 类行业，由于出口贸易中的完全碳排放量相比于直接碳排放量变化较大，因此两类比重的变化趋势并不一致。

其次，一些行业出口贸易中直接（完全）碳排放量占直接（完全）碳排放总量的比重呈现出一种下降的趋势：农林牧渔水利业；采矿业；食品加工、饮料及烟草业；纺织、服装和皮革业；木材及木材加工制品业；其他制造业。通过表 5－7 可知，这些行业除了采矿业与其他制造业属于中碳排放强度行业之外，其他行业都属于低碳排放行业。而另外一些行业的两类比重却呈现出上升的趋势[①]：纸浆、纸制品、印刷业；有色金属及黑色金属冶炼及压延加工业；金属制品业；机械设备制造业；仪器仪表及文化办公用机械制造业；交通运输设备制造业。通过表 5－7 可知，这些行业中的有色金属及黑色金属冶炼及压延加工业、金属制品业属于高碳排放强度行业，纸浆、纸制品、印刷业、机械设备制造业与交通运输设备制造业属于中碳排放强度行业，而仪器仪表及文化办公用机械制造业属于低碳排放强度行业。剩余行业出口贸易中直接（完全）碳排放量占直接（完全）碳排

---

① 2008—2009 年大多数行业出口贸易中的碳排放水平均有不同幅度的下降，这主要是由于金融危机的影响导致出口额大幅度下降引起的。从 2010 年起，随着出口贸易的复苏，大部分行业出口贸易中的碳排放量开始回升，在图形上形成一个拐点。

放总量的比重基本上呈现出一种上下波动的状态，并无明显的增强或者减弱的趋势，其中石油加工、炼焦及核燃料业、化学原料及化学制品制造业、其他非金属矿物制品业属于高碳排放强度行业，橡胶及塑料制品业与电器机械及器材制造业属于中碳排放强度行业，而通信设备、计算机及其他电子设备制造业属于低碳排放强度行业。

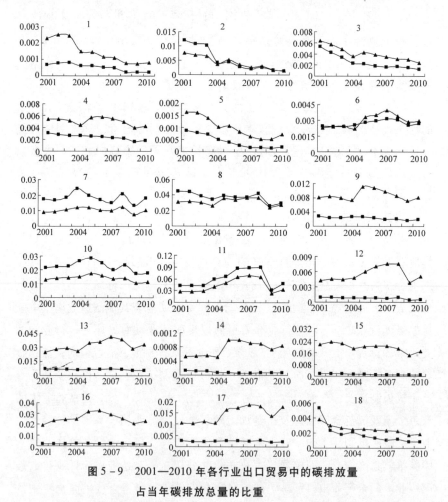

图 5-9　2001—2010 年各行业出口贸易中的碳排放量
占当年碳排放总量的比重

注：1—18 分别描述了第 1 至第 18 类行业出口贸易中的直接碳排放量占当年直接碳排放总量的比重，以及各行业出口贸易中的完全碳排放量占当年完全碳排放总量的比重。其中"▲"标识的是完全碳排放量的比重，"■"标识的是直接碳排放量比重。

资料来源：根据相关公式和数据计算得出。

通过上述分析可以看出，对于高碳排放强度行业而言，出口贸易中的直接（完全）碳排放量占直接（完全）碳排放总量的比重基本上呈现出上升或者上下波动的趋势；对于中碳排放强度行业以及低碳排放强度行业而言，两种比重上升、下降或者上下波动的趋势都有。因此可以在一定程度上初步判断中国部分高碳排放强度行业、中碳排放强度行业以及低碳排放强度行业的贸易优势在增强，同时一部分中碳排放强度行业以及低碳排放强度行业的贸易优势在减弱，但是这种贸易优势的增强或者减弱是否由其他国家单方面地强化碳排放管制政策引起还需进一步检验，下文将结合净出口消费指数进行验证。

二　净出口消费指数

尽管从 20 世纪 90 年代开始，一些学者就提出发达国家环境管制政策可能会引起污染密集型行业向发展中国家转移，但是对此的实证检验却很少。雅尼克（Janicke，1997）提出利用发达国家污染密集型行业的净出口与其国内消费的比值，即净出口消费指数来判断发达国家环境管制政策对于国内污染密集型行业竞争力的影响，但是雅尼克的研究只是关注于污染密集型行业，没有对清洁行业的情况做出判断。科尔（2004）对于净出口消费指数做了进一步的修改，并将行业样本的类别由污染密集型扩展至清洁产业，分别检验了美国、欧盟、日本等发达国家和组织对于发展中国家所造成的"污染避难所"效应。本书在科尔（2004）净出口消费指数的基础上，按照出口行业完全碳排放强度的不同，检验了 Annex Ⅰ 国家碳排放管制政策的强化是否使得中国成为碳排放的"污染避难所"。本书所采用的净出口消费指数如下：

$$NETXC_{it} = \frac{X_{it}^A - M_{it}^A}{C_{it}} = \frac{X_{it}^A - M_{it}^A}{P_{it} - X_{it}^W + M_{it}^W} \qquad (5—19)$$

其中，$i = 1, 2, \cdots, n$ 表示从第 1 到第 24 类行业，t 表示时间。$NETXC_{it}$ 表示第 i 个出口行业某年的净出口消费指数，X_{it}^A 表示某年中国第 i 个行业向 Annex Ⅰ 国家的出口额，M_{it}^A 表示某年中国第 i 个行业从 Annex Ⅰ 国家的进口额，两者的差额表示当年中国该行业向 Annex

Ⅰ国家的净出口额。C_{it} 表示中国对于第 i 个行业的净消费额，等于生产额（以 P_{it} 表示）加上该行业从世界的进口额（以 M_{it}^{W} 表示）并减去该行业向世界的出口额（以 X_{it}^{W} 表示）。各类进出口额来源于 OECD 数据库，这里的生产额指各行业的产值增加值，数据来源详见本章第一节的说明。

利用净出口消费指数可以间接判断出 Annex Ⅰ 国家单方面地强化碳排放管制政策通过贸易渠道对于中国碳排放水平的影响。如果某行业的净出口消费指数呈现出逐年上升的趋势，就表明 Annex Ⅰ 国家单方面地强化碳排放管制政策引起了中国在该行业贸易优势的增强，如果该行业是高碳排放强度行业，则会引起国内碳排放水平的上升，发生"碳泄漏"现象。利用上述公式及相关数据，本章计算出了 2001—2010 年 18 个出口行业的净出口消费指数，并绘制出该指数在各行业中的变化趋势图，分别见图 5 - 10、图 5 - 11 与图 5 - 12。

根据表 5 - 7 将 18 个出口行业分为高碳排放强度行业、中碳排放强度行业以及低碳排放强度行业，具体包括的行业类型见表 5 - 2，通过观察各出口行业的净出口消费指数变化趋势图，可以看出：

对于高碳排放强度行业而言，部分行业的净出口消费指数大致呈现出一个向上攀升的趋势，如化学原料及化学制品制造业、有色金属及黑色金属冶炼及压延加工业、机械设备制造业，在一定程度上说明了外国强化碳排放管制政策引起了中国在这些行业中的贸易优势的增强。而石油加工、炼焦及核燃料业的净出口消费指数却大致呈现出缓慢下降的趋势，表明中国在这一行业的贸易优势在减弱。其他非金属矿物制品业以及金属制品业的净出口消费指数则经历了先上升后下降的变化趋势，不能判断外国强化碳排放管制政策是否强化了中国在这些行业中的贸易优势。对于中碳排放强度行业而言，采矿业与其他制造业的净出口消费指数呈现明显的下降趋势，而纸浆、纸制品、印刷业的净出口消费指数则呈现出相反的变化趋势，其余三类行业净出口消费指数则没有呈现出单调的上升或者下降的变化趋势。对于低碳排放强度行业而言，只有通信设备、计算机及其他电子设备制造业的净出口消费指数呈现出向上攀升的趋势，其余的五类行业，除了仪器仪表及文化办公用机械制造业的变化趋势不明显之外，其他行业的净出口消费指数均呈现出明显的下降趋势。

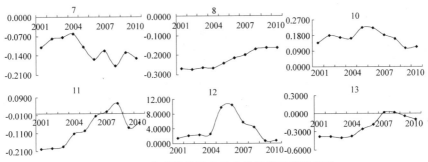

图 5 - 10 高碳排放强度行业的净出口消费指数

资料来源：根据相关公式及数据计算得出。

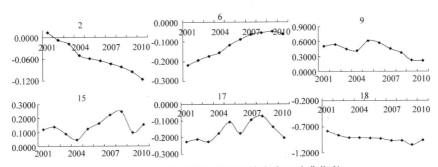

图 5 - 11 中碳排放强度行业的净出口消费指数

资料来源：根据相关公式及数据计算得出。

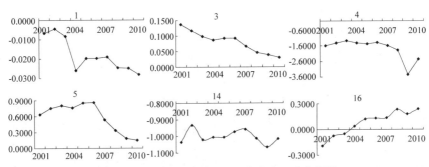

图 5 - 12 低碳排放强度行业的净出口消费指数

资料来源：根据相关公式及数据计算得出。

综上分析，外国强化碳排放管制政策对于中国不同行业贸易优势的影响，均存在增强、减弱以及无法判断的情形，但是总体而言，对于高碳排放强度行业以增强为主，对于中碳排放强度行业则以影响不明显为主，而对于低碳排放强度行业以减弱为主。因此外国单方面地强化碳排放管制政策可能会通过强化中国高碳排放行业的出口贸易优势以及削弱低碳排放行业的出口贸易优势引起中国出现"碳泄漏"现象，但是这一初步判断需要更加严谨的检验，在第六章中将通过计量模型对此进行验证。

第五节　本章小结

本章在前文理论分析的基础上利用投入产出模型对于中国出口贸易的碳排放效应进行了初步的测算，并结合比重测算与净出口消费指数等指标考察了外国碳排放管制政策的强化通过贸易途径对于中国碳排放水平的影响，得出的基本结论如下。

第一，从整体以及分行业两个层面对历年中国的二氧化碳排放特征进行了描述与测算。首先，主要从四个方面考察了 1971—2010 年中国二氧化碳排放的总体特征，包括历年中国碳排放总量、历年中国的碳排放总量占世界排放总量的比重、历年人均排放量以及历年单位 GDP 排放量。其中前三项指标的变化趋势基本一致，随着时间的推移大致呈现出逐年上升的趋势，而历年单位 GDP 的碳排放量在改革开放以后就大致呈现逐年下降的趋势。其次，对 2000—2010 年中国分行业的二氧化碳排放情况进行了测算，包括直接碳排放强度、直接碳排放量、完全碳排放强度与完全碳排放量四个方面。从时间趋势方面看，各行业的直接碳排放强度与完全碳排放强度基本上呈现逐年下降的趋势，反映出我国近些年在节能减排、提高生产技术方面所做出的努力，而各行业的直接碳排放量与完全碳排放量基本上呈现逐年上升的趋势，说明产出增加是我国二氧化碳排放增加的重要来源。同时各行业的完全碳排放强度高于直接碳排放强度，完全碳排放量也相应地高于直接碳排放量，说明各产业在纳入投入产出关系后的碳排放水平大幅度攀升，利用完全碳排放强度计算出来的完全碳排放量更能全面地反映中国各行业二氧化碳排放的真实情况。从产业层面上来看，各行业的直接碳排放强度与直接碳排放量均存在很大的差距，在纳入投入产出关系以后，各行业之间的差距在缩小，但是从绝对量上来看，各行业的完全碳排放强度与完全碳排放量仍然存在很大的差距。

第二，从总量以及分行业两个层面对历年中国出口贸易中的二氧化碳排放情况进行了描述与测算。首先根据相关公式及数据计算了2001—2010年历年中国出口贸易中的直接碳排放总量以及完全碳排放总量，并结合相关的分析认为，就直接碳排放量而言，出口贸易对于中国二氧化碳排放增长的正向影响并不明显，但是就完全碳排放量而言，若剔除金融危机的影响，初步判断出口贸易对于中国二氧化碳排放的增长是正向的，但是这种总量判断并不准确。其次利用前文计算出的直接碳排放强度与完全碳排放强度测算了2001—2010年中国各行业出口贸易中的直接碳排放量与完全碳排放量，结果与各行业整体的碳排放情况一致，各行业出口贸易中的碳排放量差别较大，除了少数行业出现下降情形外，大部分行业出口贸易中的碳排放量均呈现出一种逐年上升的趋势。在纳入投入产出关系之后，各行业出口贸易中的完全碳排放量均高于直接碳排放量。

第三，针对第四章提出的"污染避难所"效应，本章利用各行业出口贸易中的碳排放量占中国碳排放总量的比重以及各行业的净出口消费指数进行了检验，检验结果显示：外国强化碳排放管制政策对于中国高碳排放强度行业、中碳排放强度行业以及低碳排放强度行业贸易优势的影响，均存在增强、减弱以及无法判断的情形，但是总体而言，对于高碳排放强度行业以增强为主，对于中碳排放强度行业则以影响不明显为主，而对于低碳排放强度行业以减弱为主。因此外国单方面地强化碳排放管制政策可能会引起中国出现"碳泄漏"现象，但是这一结论需要更加严谨的实证检验。

第六章 管制政策影响中国出口贸易 碳排放效应的实证检验

通过第五章的初步检验可以看出，Annex I 国家单方面地强化碳排放管制政策可能增强中国高碳排放行业的出口贸易优势以及削弱低碳排放行业的出口贸易优势，进而引发"碳泄漏"现象，但是这一结果是建立在简单的数值测算基础之上的，为了更加严谨地验证碳排放管制政策对于中国出口贸易碳排放效应的影响，本章将利用相关的计量模型进行实证检验。与第四章理论模型相对应，主要从 4 个层面分别检验在不纳入碳排放管制政策因素之前中国出口贸易的碳排放效应、只纳入中国碳排放管制政策因素之后中国出口贸易的碳排放效应、只纳入 Annex I 国家碳排放管制政策因素之后中国出口贸易的碳排放效应以及在 Annex I 国家碳排放管制政策因素的基础上再纳入中国碳排放管制政策因素之后中国出口贸易的碳排放效应。

第一节 实证方法说明

本章将利用面板数据实证检验碳排放管制政策对于中国出口贸易碳排放效应的影响，横截面维度为 17 个工业行业门类，时间维度为 2001—2010 年，面板回归模型的一般形式为：

$$y_{it} = x'_{it}\beta + z'_i\delta + u_i + \varepsilon_{it}(i = 1,\cdots,n;t = 1,\cdots,T)$$

在具体的回归过程中，究竟是利用混合回归模型（Pooled OLS）、固定效应模型（FE）还是随机效应模型（RE）需要进行一定的检验。其中，对于混合回归模型与固定效应模型的选择采用 F 检验，原假设为" H_0: $all\,u_i = 0$"，若 F 检验结果强烈拒绝原假设，则认为固定效应模型明显优于混合回归模型。对于混合回归模型和随机效应模型的选择采用布伦斯和帕甘（Breusch & Pagan，1980）提出的一个检验个体效应的 LM 检验，如果拒绝原假设，说明不应该使用混合回归模型，应该采用随机效应模型。对于固定效应模型和随机效应模型之间的选择可以采用豪斯曼（Hausman，1978）提出的豪斯曼检验方法，其原假设为随机效应是正确模型，即" H_0：u_i 与 x_{it}, z_i 不相关"，此时，无论原假设成立与否，固定效应估计都是一致的，但是如果原假设成立，则随机效应模型比固定效应模型更有效，但是豪斯曼检验方法在异方差情形下并不适用（陈强，2010）。

对于面板数据而言，由于同时兼具截面维度和时间维度，因此需要考虑异方差及自相关的检验。对于短面板数据重点考察异方差，一般假设扰动项不存在自相关，而对于长面板数据则重点考察其自相关，主要采取可行广义的最小二乘法（FGLS）进行回归。对于组间异方差可以考虑采用似然比（LR）检验或者沃尔德（Wald）检验，对于自相关的检验分为组内自相关与组间截面相关两部分，对于组内自相关的检验可以采用伍德里奇（Wooldridge，2002）提出的检验方法，而对于组间截面相关的检验可以采取布伦斯－帕甘 LM 检验方法（该方法只适用于长面板），也可以采用弗里斯（Frees，2004）以及裴沙连（Pesaran，2004）提出的检验方法（该方法也适用于短面板）（陈强，2010）。

第二节　样本数据说明

科尔（2004）在对 OECD 国家环境库兹涅茨曲线以及"污染避难所"假说进行检验的过程中，认为生产总值、贸易依存度、产业结构以及污染密集型商品的进出口量是影响各国碳排放水平的关键性因素。李小平等（2010）在对中国工业行业碳排放影响因素进行分解的过程中，也认为人均产值、贸易依存度、产业机构、各行业商品向发达国家的进出口量占其总进出口量的比重等因素是碳排放增长的主要来源，除此之外，他还考虑了滞后期的碳排放量以及行业内企业的规模及研发水平对于碳排放水平的影响。综合考虑各种可能会对中国各行业碳排放产生影响的因素，这里将面板回归模型设定为如下形式：

$$\ln C_{it} = \alpha + \beta_1 y_{it} + \beta_2 (y_{it})^2 + \beta_3 trade_{it} + \beta_4 k_{it} + \beta_5 e_{it} + \beta_6 Policy_{it} +$$

$$\beta_7 ex_{it} + u_i + \varepsilon_{it}$$

$$(6—1)$$

$$CI_{it} = \alpha + \eta_1 y_{it} + \eta_2 (y_{it})^2 + \eta_3 trade_{it} + \eta_4 k_{it} + \eta_5 e_{it} + \eta_6 Policy_{it} + \eta_7 ex_{it} + u_i + \varepsilon_{it}$$

$$(6—2)$$

与科尔（2004）和李小平（2010）的模型不同的是，上述模型增加了对于碳排放管制因素的考察，具体分析在纳入碳排放管制政策变量前后出口贸易的碳排放效应的变化，从实证角度对理论模型进行验证。鉴于数据的可获取性，本书只分析工业部门的碳排放情况，并根据第五章对于完全碳排放强度水平的测算将研究样本分为三组：高碳排放组，包括有色金属及黑色金属冶炼及压延加工业，石油加工、炼焦及核燃料业，化学原料及化学制品制造业，交通运输设备制造业以及非金属矿物制品业五大行业；中碳排放组，包括采矿业，金属制品业，仪器仪表及文化办公用品制造业，机械设备制造业，橡胶及塑料制品业以及纸浆、纸制品和印刷业六大行业；低碳排放组，包括电器机械及器材制造业，木材及木材加工制品业，其他制造业，纺织、服装和皮革业，食品加工、饮料及烟草业以及通信设备、计算机及其他电子设备制造业六大行业。研究时段为 2001—2010 年，具体的样本数据说明如下：

被解释变量：在本章的分析中，各行业历年的碳排放水平是回归分析的被解释变量，分别以 C_{it} 及 CI_{it} 表示，前者代表各行业历年的完全碳排放量，后者代表各行业历年单位产值的完全碳排放强度，其中 i 代表行业，t 代表年份。为了保持数据的平稳性，减少异方差情形的出现，对被解释变量 C_{it} 取对数形式。各行业历年的完全碳排放量以及完全碳排放强度来源于第五章的测算结果。

解释变量 y_{it}：以人均产出表示，代表生产规模与技术水平，同时加入 y_{it} 的平方项是为了具体地考察人均产出与二氧化碳排放关系的形状。环境库兹涅茨曲线假说认为随着人均收入的上升，污染排放呈现出先上升后下降的倒 "U" 型形状，这里人均收入用人均产出来表示。如果实证检验 y_{it} 一次方的回归系数显著为正或为负，而二次方的回归系数不显著，则二氧化碳排放水平与人均产出之间呈现出单调递增或递减的线性函数关系。如果 y_{it} 二次方的回归系数显著为负，则二氧化碳排放水平与人均产出之间呈现倒"U"型的函数关系，环境库兹涅茨曲线假说成立。y_{it} 以历年各行业产值增加值除以该行业总就业人数得出，数据来源于历年中国统计年鉴以及第五章的计算结果。

解释变量 $trade_{it}$：代表历年各行业的出口贸易依存度，以各行业历年出口总量与该行业历年产值增加值的比值表示，数据分别来源于OECD 数据库、中国统计年鉴以及第五章的计算结果。

解释变量 k_{it}：以人均资本存量表示，代表历年各行业的资本强度，用于检验要素禀赋假说。要素禀赋假说认为一个行业在生产过程中使用的资本要素比例越大，则该行业的污染密集度越高，相应的污染排放就越多（科普兰和泰勒，2004），因此预计 k_{it} 与完全碳排放强度以及完全碳排放量呈现正相关关系。k_{it} 由各行业历年资本存量与从业人员的数量相除得出。由于缺少对于资本存量的数据统计，国内外许多学者利用永续盘存法进行估算，但是由于采用的折旧率以及对于基期资本存量的定义不同，因此计算结果各异。本章将以统计年鉴中固定资产净值这一指标代表资本存量。中国统计年鉴中缺少对于其他制造业行业 2001 年与 2002 年两年的固定资产净值的统计，根据该行业 2003—2010 年的数据变化趋势进行推算得出 2001 年与 2002 年的数据分别为 160.97 亿元与 205.02 亿元。

解释变量 e_{it}：代表历年各行业的能源强度，以各行业的能源消耗总量（以标准煤计）与该行业增加值的比值表示，由于当前碳排放主要来源于化石燃料的燃烧，因此单位产值的能源消耗越多，碳排放水平越高，预计二者之间呈现正相关的关系，相关数据来源于历年中国统计年鉴。

解释变量 $Policy_{it}$：代表碳排放管制政策，用于检验碳排放管制政策实施前后出口贸易碳排放效应的变化，由于缺少相关的数据统计资料，这里以历年各行业的环境治理投资总额占各行业产值增加值的比重表示，数据来源于历年中国环境统计年鉴。由于碳排放管制政策的实施主要针对碳排放强度，预计与完全碳排放强度呈现负相关关系，但与完全碳排放量之间的关系并不明确。

解释变量 ex_{it}：表示历年各行业向 Annex I 国家的出口占该行业出口总量的比值，用于检验 Annex I 国家强化碳排放管制政策通过出口贸易对于中国碳排放水平的影响。通过第四章的理论分析可知，在开放条件下，如果"污染避难所"效应存在，则 Annex I 国家单方面地强化碳排放管制政策将会增强中国部分碳排放密集度行业的出口贸易优势，引起"碳泄漏"现象。ex_{it} 根据 OECD 数据库提供的数据资料整理得出，计算结果见表 6-1，可以看出大部分行业 ex 变量均呈现出一种下降的趋势，中国对于 Annex I 国家的出口集中度在下降。若 ex_{it} 的回归系数 β_7 为负，表明尽管中国向 Annex I 国家出口占总出口中的比重在下降，但是仍然引起中国国内碳排放水平上升。如果加入该变量之后，出口贸易变量的回归系数变大，表明 Annex I 国家单方面地强化碳排放管制政策引起中国出口贸易碳排放效应的增加，碳排放的"污染避难所"效应得到验证，发生了"碳泄漏"现象。

表 6-1　　历年各工业行业向 Annex I 国家出口量占各行业出口总量的比重

行业类别		2001	2002	2003	2004	2005	2006	2007	2008	2009	2010
高碳排放组	行业 7	0.427	0.411	0.397	0.491	0.403	0.385	0.363	0.367	0.166	0.190
	行业 8	0.570	0.560	0.567	0.539	0.538	0.531	0.491	0.506	0.484	0.478
	行业 10	0.676	0.655	0.636	0.614	0.594	0.590	0.590	0.546	0.513	0.518
	行业 11	0.504	0.499	0.530	0.527	0.542	0.543	0.520	0.537	0.432	0.449
	行业 17	0.592	0.586	0.604	0.628	0.604	0.571	0.546	0.507	0.452	0.426
中碳排放组	行业 2	0.670	0.658	0.693	0.666	0.665	0.680	0.652	0.696	0.654	0.624
	行业 6	0.483	0.488	0.502	0.525	0.532	0.523	0.518	0.515	0.527	0.515
	行业 9	0.667	0.676	0.669	0.660	0.659	0.659	0.645	0.622	0.606	0.588
	行业 12	0.669	0.681	0.693	0.693	0.689	0.681	0.667	0.597	0.554	0.568
	行业 13	0.643	0.657	0.654	0.656	0.631	0.616	0.622	0.585	0.567	0.560
	行业 14	0.592	0.588	0.665	0.689	0.697	0.679	0.671	0.685	0.684	0.664
低碳排放组	行业 3	0.751	0.734	0.726	0.723	0.732	0.730	0.718	0.683	0.672	0.654
	行业 4	0.650	0.618	0.602	0.589	0.637	0.594	0.605	0.603	0.619	0.613
	行业 5	0.833	0.825	0.826	0.808	0.799	0.773	0.743	0.718	0.737	0.738
	行业 15	0.589	0.574	0.566	0.567	0.559	0.553	0.554	0.542	0.519	0.509
	行业 16	0.581	0.574	0.567	0.557	0.534	0.503	0.480	0.486	0.469	0.489
	行业 18	0.729	0.749	0.750	0.733	0.736	0.731	0.729	0.728	0.720	0.674

资料来源：根据 OECD 数据库提供的资料计算得出。

α 为常数，u_i 与 ε_{it} 分别表示不可观测的各产业的个体差异及随机扰动项。

第三节　管制政策影响中国出口贸易
碳排放效应的实证分析

一　统计性描述

表6-2、表6-3、表6-4、表6-5分别给出计量模型中主要变量的统计性描述，通过对比可以发现，首先，高碳排放强度组与中碳排放强度组、低碳排放强度组的碳排放水平差距较大，而中碳排放强度组、低碳排放强度组之间的差距相对较小。其次，高碳排放强度组的人均产出相对较高，显示出人均产出与碳排放水平呈现出一种正相关的关系，同时高碳排放强度组的能耗强度、人均资本存量均高于中碳排放强度组、低碳排放强度组，较高的能耗强度与人均资本存量意味着高能耗与高排放，这与陈诗一（2009）及李小平（2010）等人的结论一致。再次，高碳排放强度组的出口贸易依存度水平远远低于中碳排放强度组、低碳排放强度组，表明出口贸易依存度与碳排放水平之间呈现出一种负相关关系。碳排放管制政策在各组间的差距并不是很大，但是最大值与最小值均出现在低碳排放强度组。同时从 ex 变量来看，碳排放水平越高的行业向 Annex Ⅰ 国家的出口占该行业出口总量的比重越小，似乎并不支持"污染避难所"效应的存在，但是这一结论并不严谨。

表6-2　　　　　　　　　　　**总体样本主要变量的统计性描述**

变量	单位	均值	标准差	最小值	最大值	观察值个数
$\ln C_{it}$	百万吨 CO_2	5.48	1.10	2.50	7.92	170
CI_{it}	百万吨 CO_2/亿元	0.09	0.07	0.02	0.42	170
y	亿元/万人	12.28	7.38	1.23	40.42	170
$trade$	亿元/亿元	1.58	2.88	0.02	19.52	170
e	万吨标准煤/亿元	2.13	2.47	0.22	14.81	170
k	亿元/万人	13.34	10.59	2.38	71.2	170
$Policy$	亿元/亿元	0.011	0.006	0.002	0.042	170
ex	亿元/亿元	0.60	0.11	0.16	0.83	170

注：部分行业的出口贸易依存度变量出现了大于1的情形，这主要是因为各行业出口贸易金额与工业增加值的统计口径不一致引起的，由于本书主要侧重于考察出口贸易依存度的变化趋势而非绝对量，因此对于后文的分析影响不大，下同。

表6－3　　　　　高碳排放强度组样本主要变量的统计性描述

变量	单位	均值	标准差	最小值	最大值	观察值个数
$\ln C_{it}$	百万吨 CO_2	6.44	0.70	5.17	7.92	50
CI_{it}	百万吨 CO_2/亿元	0.16	0.08	0.05	0.42	50
y	亿元/万人	17.38	9.96	4.41	40.42	50
$trade$	亿元/亿元	0.39	0.10	0.15	0.64	50
e	万吨标准煤/亿元	4.52	2.68	0.31	9.91	50
k	亿元/万人	23.34	14.19	6.59	71.2	50
$Policy$	亿元/亿元	0.011	0.004	0.004	0.026	50
ex	亿元/亿元	0.50	0.10	0.16	0.67	50

表6－4　　　　　中碳排放强度组样本主要变量的统计性描述

变量	单位	均值	标准差	最小值	最大值	观察值个数
$\ln C_{it}$	百万吨 CO_2	5.20	1.09	2.50	6.88	60
CI_{it}	百万吨 CO_2/亿元	0.08	0.03	0.03	0.2	60
y	亿元/万人	9.84	3.9	4.62	22.49	60
$trade$	亿元/亿元	2.18	3.63	0.02	12.36	60
e	万吨标准煤/亿元	1.17	0.71	0.22	3.16	60
k	亿元/万人	10.11	4.35	5.07	27.06	60
$Policy$	亿元/亿元	0.011	0.004	0.003	0.022	60
ex	亿元/亿元	0.62	0.06	0.48	0.69	60

表6－5　　　　　低碳排放强度组样本主要变量的统计性描述

变量	单位	均值	标准差	最小值	最大值	观察值个数
$\ln C_{it}$	百万吨 CO_2	4.96	0.89	2.61	6.01	60
CI_{it}	百万吨 CO_2/亿元	0.05	0.02	0.02	0.18	60
y	亿元/万人	10.47	5.14	1.23	24.16	60

续表

变量	单位	均值	标准差	最小值	最大值	观察值个数
trade	亿元/亿元	1.97	2.97	0.09	19.52	60
e	万吨标准煤/亿元	1.09	2.00	0.22	14.81	60
k	亿元/万人	8.23	3.63	2.38	16.39	60
Policy	亿元/亿元	0.011	0.007	0.002	0.042	60
ex	亿元/亿元	0.65	0.09	0.46	0.83	60

二 总体样本回归结果分析

(一) 模型的选择和检验

本书采用了 2001—2010 年中国 17 个工业行业的面板数据，n 大 T 小，是短面板数据，根据陈强 (2010) 的观点，短面板数据应该更加侧重于检验异方差，通过似然比检验及沃尔德检验可以看出，模型存在严重的异方差。对于回归模型的选择，首先 F 检验认为相对于混合最小二乘回归，固定效应模型是更加合适的，但是由于模型存在异方差现象，导致 F 检验并不有效，但是由于 p 值为 0.0000，因此即使按聚类标准差来计算 F 值，大致也能拒绝原假设，进一步通过最小二乘虚拟变量 (LSDV) 估计方法进行考察，结果显示大多数个体虚拟变量都很显著，因此认为模型存在个体效应，固定效应模型优于混合回归模型 (陈强，2010)。其次 LM 检验显示随机效应模型优于混合回归模型。对于固定效应模型和随机效应模型之间的选择，豪斯曼检验结果显示以完全碳排放量为被解释变量的回归方程应该采用固定效应模型，而以完全碳排放强度为被解释变量的回归方程应该采用随机效应模型，但是由于模型存在严重的异方差现象，豪斯曼检验并不有效，伍德里奇 (2002) 提出可以进行以下辅助回归：

$$\hat{y}_{it} - \hat{\theta}\bar{y}_i = (x_{it} - \hat{\theta}\bar{x}_i)'\beta + (1 - \hat{\theta})z'_i\delta + (x_{it} - \bar{x}_i)'\gamma + [(1 - \hat{\theta})u_i + (\varepsilon_{it} - \hat{\theta}\bar{\varepsilon}_i)]$$

然后，使用聚类稳健的标准差来检验原假设 "$H_0: \gamma = 0$"，若拒绝原假设，意味着拒绝随机效应，接受固定效应。检验的结果显示，无论是以完全碳排放强度为被解释变量的回归方程还是以完全碳排放量为被解释变量的回归方程均应采用固定效应模型。各类检验结果见表6－6。

表6－6　　　　　　　　　总体样本回归的模型选择及检验结果

检验目的	检验类型	检验结果
组间异方差	似然比检验	LR chi2 (16) ＝93.66；Prob > chi2 ＝0.0000
		LR chi2 (16) ＝ 107.82*；Prob > chi2 ＝0.0000*
	沃尔德检验	chi2 (17) ＝2916.36；Prob > chi2 ＝0.0000
		chi2 (17) ＝1217.74*；Prob > chi2 ＝0.0000*
OLS 与 FE 模型之间的选择	F 检验	F (16, 145) ＝113.57；Prob > F ＝0.0000
		F (16, 145) ＝30.40*；Prob > F ＝0.0000*
OLS 或 RE 模型之间的选择	LM 检验	chi2 (1) ＝473.85；Prob > chi2 ＝0.0000
		chi2 (1) ＝345.27*；Prob > chi2 ＝0.0000*
FE 或 RE 模型之间的选择	豪斯曼检验	chi2 (9) ＝16.57；Prob > chi2 ＝0.0204
		chi2 (9) ＝5.94*；Prob > chi2 ＝0.5470*
	辅助回归检验	chi2 (8) ＝49.35；Prob > chi2 ＝0.0000
		chi2 (8) ＝37.23*；Prob > chi2 ＝0.0000*

注：*表示以完全碳排放强度 CI_u 为被解释变量的回归方程的检验结果。该表是对模型6—1与模型6—2进行各类检验得出的结果，在模型中增减个别控制变量对检验结果的影响不大。

（二）模型回归结果分析

由于模型中存在严重的异方差现象，因此在回归过程中都选择以行业为聚类变量的聚类稳健标准差进行回归，通过上述一系列检验，本书认为采用聚类稳健标准差的固定效应模型最为合适，回归结果见表6－7。模型1与模型5均为考虑碳排放管制因素之前的回归结果，可以得出以下结论。

1. 在以完全碳排放量为被解释变量的回归模型中，人均收入的一次项及二次项系数分别为1.115与－0.128，且在1%的置信水平上高度显著，说明人均收入与完全二氧化碳排放量之间呈现出明显的倒"U"型关系，二氧化碳排放量随着人均收入的增加呈现出先上升后下降的趋势，环境库兹涅茨曲线假说成立。但是在以完全碳排放强度为被解释变量的回归模型中，人均收入的一次项是显著的，系数为 -0.697，二次项却不显著，表明人均收入与二氧化碳排放强度之间呈现出线性的负相关关系，完全碳排放强度随着人均收入的增加呈现出单调递减的趋势，这一检验结果与李小平（2010）的结论一致。由于完全碳排放量是由完全碳排放强度与产值相乘得出的，尽管在前期完全碳排放强度是下降的，但是由于下降的幅度较小，且产值增加的幅度较大，因此反映在完全碳排放量上是逐步上升的。在后期完全碳排放强度下降的幅度超过产值增加的幅度，完全碳排放量呈现出逐步下降的趋势。

2. 无论是以完全碳排放量为被解释变量的回归方程还是以完全碳排放强度为被解释变量的回归方程，出口贸易依存度变量都与碳排放水平显著负相关，说明出口贸易对于中国环境的影响是正面的，中国的出口贸易优势更多地来源于清洁产品。在出口贸易的三种碳排放效应中，技术效应的正面作用超过规模效应和结构效应之和的负面作用，贸易开放有利于环境质量的改善，这种积极作用可能来源于竞争力的增加以及资源利用效率的提升（科尔，2004）。

3. 能耗强度变量显著地与完全碳排放强度正相关，与完全碳排放量的关系却不显著。能耗强度是单位产值以标准煤为计量单位的能源消耗量，显然，单位产值的能源消耗量越大，产生的二氧化碳排放越多。

4. 资本强度变量与完全二氧化碳排放量及完全二氧化碳排放强度之间的关系均不显著，表明总体而言，关于碳排放的要素禀赋假说并不成立。

5. 模型2与模型6分别在模型1与模型5的基础上加入了中国碳排放管制政策因素，考察该变量对于完全碳排放量及完全碳排放强度的影响，以及在加入该变量之后其他解释变量的变化。回归结果显示，碳排放管制政策因素与完全碳排放强度显著负相关，管制的强化有利于碳排放强度的降低。而碳排放管制政策与完全碳排放量显著正相关，这可能是因为管制政策的实施大多是针对碳排放强度的，碳排放量不仅取决于碳排放强度而且取决于产值，管制政策带来的完全碳排放强度下降的幅度小于产值增加的幅度，因此间接地导致管制政策与完全碳排放量正相关。加入管制政策因素之后，出口贸易依存度变量与完全碳排放量的相关系数由 -0.030 减小为 -0.069，管制政策的实施扩大了中国出口贸易的碳排放效应，验证了第四章的理论分析结果。在加入碳排放管制政策因素之后，人均收入变量、资本强度变量、能耗强度变量的回归系数及显著性水平变化不大，检验结果是非常稳定的。

6. 模型 3 与模型 7 分别在模型 1 与模型 5 的基础上加入了 ex_{it} 变量，考察 Annex I 国家单方面地强化碳排放管制对于中国完全碳排放量及完全碳排放强度的影响，以及在加入该变量之后其他解释变量的变化。回归结果显示 ex_{it} 与完全碳排放强度显著正相关，与上述解释一致，由于技术效应超过其他两种效应，出口贸易有利于碳排放强度的下降。同时 ex_{it} 与完全碳排放量显著负相关，表明发生了"污染避难所"效应，即使碳排放强度与 ex_{it} 的比重下降了，但是由于向 Annex I 国家出口中的污染密型产品比重加大、出口量增多，导致碳排放水平上升。在加入 ex_{it} 变量之后，出口贸易依存度变量与完全碳排放强度的回归系数及显著性水平变化不大，而与完全碳排放量的相关性由显著变为不显著，验证了第四章的理论分析结果，Annex I 国家单方面地强化碳排放管制政策可能会增强中国部分碳排放密集型行业的出口贸易优势，导致碳排放量增加，发生"碳泄漏"现象。在加入 ex_{it} 变量之后，人均收入变量与能耗强度变量的回归系数与显著性水平基本上没有变化，检验结果是非常稳定的，但是资本强度变量的回归结果由不显著变为显著，与碳排放强度呈现出正相关关系，与预测结果一致，而与碳排放量呈现出负相关关系，这与预测结果相反。

7. 模型 4 与模型 8 分别在模型 3 与模型 7 的基础上加入了中国碳排放管制因素，可以看出加入管制因素之后，出口贸易依存度与碳排放强度之间的回归系数及显著性水平变化不大，但是与碳排放量之间恢复了显著的负相关关系，这与第四章的理论分析结果一致，当 Annex I 国家单方面地强化碳排放管制政策通过贸易途径引起中国出现"碳泄漏"现象时，若中国能够比较积极地采取碳排放管制政策，可以减弱或者抵消这种"碳泄漏"现象，使得出口贸易依存度与碳排放量之间由正相关或者不相关变为负相关。加入碳排放管制因素之后，资本强度变量的回归结果恢复为未加入 ex_{it} 变量之前的情形，人均收入变量与能耗强度变量的回归系数与显著性水平变化仍然不大。

作为比较，表 6-8 与表 6-9 分别给出了采用聚类稳健标准差的随机效应模型及混合最小二乘模型的回归结果，通过对比可以看出，固定效应模型与随机效应模型的回归结果相差不大，但是与混合最小二乘模型的回归结果差别较大。以上回归结果是以全部 17 个工业行业为检验样本的，并未根据行业的碳排放强度加以区分，下文将对行业类型进行区分后再进行回归。

表 6 - 7 采用聚类稳健标准差的固定效应模型的回归结果

解释变量	以 $\ln C_{it}$ 为被解释变量的回归结果				以 CI_{it} 为被解释变量的回归结果			
	模型 1	模型 2	模型 3	模型 4	模型 5	模型 6	模型 7	模型 8
y	1.155 *** (0.182)	0.846 *** (0.138)	1.105 *** (0.163)	0.884 *** (0.0133)	-0.697 *** (0.118)	-0.449 *** (0.084)	-0.665 *** (0.116)	-0.464 *** (0.096)
y^2	-0.128 *** (0.025)	-0.100 *** (0.033)	-0.128 *** (0.029)	-0.106 *** (0.033)	0.048 (0.033)	0.026 (0.037)	0.048 (0.033)	0.028 (0.038)
$trade$	-0.030 * (0.016)	-0.069 * (0.034)	-0.029 (0.020)	-0.061 * (0.031)	-0.131 ** (0.050)	-0.100 ** (0.041)	-0.132 ** (0.050)	-0.103 ** (0.042)
e	-0.020 (0.019)	-0.031 (0.034)	-0.020 (0.025)	-0.029 (0.035)	0.234 *** (0.050)	0.243 *** (0.037)	0.234 *** (0.052)	0.242 ** (0.040)
k	-0.238 (0.183)	-0.144 (0.150)	-0.332 ** (0.152)	-0.215 (0.154)	0.195 (0.137)	0.128 (0.104)	0.262 * (0.128)	0.156 (0.114)
ex	—	—	-2.361 ** (1.007)	-1.218 (1.130)	—	—	1.518 ** (0.677)	0.482 (0.698)
$policy$	—	29.407 *** (8.994)	—	23.307 ** (9.617)	—	-23.55 *** (5.665)	—	-21.134 ** (5.840)
_cons	0.121 (0.153)	0.08 (0.133)	1.737 ** (0.773)	0.925 (0.854)	1.181 *** (0.164)	1.212 *** (0.126)	0.141 (0.487)	0.878 * (0.496)
R^2	0.6863	0.7677	0.7399	0.7785	0.8712	0.9073	0.8865	0.9085

注：*、**、***分别表示在 10%、5%、1% 的临界水平上显著，R^2 为组内 R^2，下同。

表 6 - 8 采用聚类稳健标准差的随机效应模型的回归结果

解释变量	以 $\ln C_{it}$ 为被解释变量的回归结果				以 CI_{it} 为被解释变量的回归结果			
	模型 1	模型 2	模型 3	模型 4	模型 5	模型 6	模型 7	模型 8
y	1.218 *** (0.172)	0.903 *** (0.127)	1.158 *** (0.153)	0.938 *** (0.127)	-0.678 *** (0.112)	-0.429 *** (0.073)	-0.651 *** (0.095)	-0.440 *** (0.081)

续表

解释变量	以 $\ln C_{it}$ 为被解释变量的回归结果				以 CI_{it} 为被解释变量的回归结果			
	模型 1	模型 2	模型 3	模型 4	模型 5	模型 6	模型 7	模型 8
y^2	-0.125*** (0.022)	-0.099*** (0.029)	-0.125*** (0.026)	-0.105*** (0.030)	0.040 (0.033)	0.021 (0.038)	0.040 (0.034)	0.023 (0.039)
$trade$	-0.070*** (0.016)	-0.102*** (0.029)	-0.064*** (0.016)	-0.090*** (0.025)	-0.114*** (0.043)	-0.089** (0.036)	-0.117*** (0.044)	-0.092** (0.039)
e	0.024 (0.021)	-0.006 (0.027)	0.017 (0.020)	0.004 (0.028)	0.223*** (0.041)	0.238*** (0.031)	0.226 (0.043)	0.004 (0.028)
k	-0.225 (0.168)	-0.140 (0.136)	-0.335 (0.144)	-0.220 (0.146)	0.208 (0.132)	0.130 (0.101)	0.269** (0.128)	0.238*** (0.033)
ex	—	—	-2.428** (0.999)	-1.347 (1.131)	—	—	1.329** (0.645)	0.358 (0.685)
$policy$	—	29.384*** (8.613)	—	22.840*** (9.422)	—	-24.74*** (5.059)	—	-22.97*** (5.312)
_cons	0.003 (0.251)	-0.023 (0.215)	1.684** (0.809)	0.919 (0.846)	1.152*** (0.173)	1.200*** (0.145)	0.240 (0.476)	0.952* (0.516)
R^2	0.6786	0.7623	0.7342	0.7740	0.8702	0.9069	0.8856	0.9081

表 6-9　　　　采用聚类稳健标准差的混合最小二乘模型的回归结果

解释变量	以 $\ln C_{it}$ 为被解释变量的回归结果				以 CI_{it} 为被解释变量的回归结果			
	模型 1	模型 2	模型 3	模型 4	模型 5	模型 6	模型 7	模型 8
y	1.736*** (0.597)	1.743*** (0.615)	1.700*** (0.480)	1.704*** (0.488)	-0.196 (0.215)	-0.129 (0.221)	-0.197 (0.217)	-0.129 (0.225)
y^2	-0.204 (0.137)	-0.202 (0.136)	-0.169 (0.113)	-0.168 (0.116)	-0.046 (0.052)	-0.020 (0.051)	-0.046 (0.052)	-0.020 (0.053)
$trade$	-0.223*** (0.030)	-0.222*** (0.031)	-0.221*** (0.025)	-0.221*** (0.026)	-0.051* (0.029)	-0.044** (0.016)	-0.051* (0.029)	-0.044** (0.016)
e	0.187*** (0.047)	0.190*** (0.058)	0.196** (0.044)	0.198*** (0.053)	0.225*** (0.048)	0.257*** (0.038)	0.225** (0.048)	0.257*** (0.038)
k	-0.414 (0.239)	-0.425 (0.269)	-0.708** (0.274)	-0.715** (0.312)	0.228 (0.144)	0.095 (0.121)	-0.708** (0.274)	0.097** (0.1214)
ex	—	—	-3.097 (1.939)	-3.093 (1.921)	—	—	0.222 (0.145)	0.022 (0.591)
$policy$	—	-3.382 (20.206)	—	-1.715 (16.20)	—	-31.79*** (7.291)	—	-31.80*** (7.331)

续表

解释变量	以 $\ln C_{it}$ 为被解释变量的回归结果				以 CI_{it} 为被解释变量的回归结果			
	模型 1	模型 2	模型 3	模型 4	模型 5	模型 6	模型 7	模型 8
_cons	−0.328 (0.665)	0.293 (0.620)	1.878 (1.383)	1.892 (1.449)	0.611** (0.222)	0.934*** (0.229)	0.654 (0.468)	0.918 (0.527)
R^2	0.6758	0.6761	0.7182	0.7183	0.8100	0.8629	0.8100	0.8629

三　分组样本回归结果分析

（一）模型的选择与检验

根据本章第二节，将总体样本分为三类：高碳排放强度行业、中碳排放强度行业和低碳排放强度行业，样本数分别为 5 个行业、6 个行业与 6 个行业，时间跨度为 10 年，n 小 T 大，是长面板数据，但是由于 T 并不比 n 大太多，因此在检验的过程中仍需考察组间异方差特征，此外，长面板数据需要重点考察样本的自相关性，包括组内自相关及组间截面相关，各种检验结果见表 6 – 10。首先对于高碳排放强度行业，似然比检验与沃尔德检验显示存在明显的组间异方差，Wooldridge 检验显示存在明显的组内自相关[①]，而对于组间截面相关的检验，LM 检验以及 Pesaran 检验、Friedman 检验以及 Frees 检验认为以完全碳排放量为被解释变量的回归方程存在明显的组间截面相关，而以完全碳排放强度为被解释变量的回归方程组间截面相关性不明显。其次对于中碳排放强度行业，各种检验结果显示该组数据存在明显的组间异方差、组内自相关以及组间截面相关[②]。最后对于低碳排放强度行业，检验结果显示该组数据存在明显的组间异方差与组内自相关特征，而对于组间截面相关的检验，Pesaran 检验、Friedman 检验以及 Frees 检验认为以完全

---

①　尽管以完全碳排放强度为被解释变量的回归方程显示 Wooldridge 检验的 p 值为 0.0559，正好处于临界值左右，但是为了更加严谨地选择回归模型，这里仍认为该回归方程存在组内自相关。

②　尽管 Pesaran 检验显示以完全碳排放强度为被解释变量的回归方程并不存在明显的组间截面相关，但是其他的检验方法显示组间截面相关特征比较明显，为谨慎起见，这里按照存在组间截面相关进行处理。

碳排放量为被解释变量的回归方程存在严重的组间截面相关特征，而LM检验却认为组间截面相关特征不明显，同时，检验结果显示以完全碳排放强度为被解释变量的回归方程的组间截面相关特征并不明显。综合考虑各种检验结果，认为对于高碳排放强度行业与低碳排放强度行业，以完全碳排放量为被解释变量的回归方程应该采用同时处理组内自相关与组间截面相关的广义最小二乘回归模型，而对于以完全碳排放强度为被解释变量的回归方程应该采用仅处理组内自相关的广义最小二乘回归模型，对于中碳排放强度行业无论是以完全碳排放量还是以完全碳排放强度为被解释变量回归方程均应采取同时处理组内自相关与组间截面相关的广义最小二乘回归模型，具体的回归方法见陈强（2010）。

表6－10　　　　　　　　　　各种分组检验结果

分组	检验目的	检验方法	检验结果
高碳排放强度	组间异方差	似然比检验	LR chi2 (4) =25.00；Prob > chi2 = 0.0001 LR chi2 (4) =42.31*；Prob > chi2 = 0.0000*
		沃尔德检验	chi2 (5) =162.45；Prob > chi2 = 0.0000 chi2 (5) =59.26*；Prob > chi2 = 0.0000*
	组内自相关	Wooldridge 检验	F (1, 4) = 14.232；Prob > F = 0.0196 F (1, 4) = 7.117*；Prob > F = 0.0559*
	组间截面相关	Breusch – Pagan	chi2 (10) = 22.377；Prob > chi2 = 0.0133
		LM 检验	chi2 (10) = 15.524*；Prob > chi2 = 0.1141*
		Pesaran 检验	Cross sectional independence = 4.105；Prob > chi2 = 0.0000 Cross sectional independence = – 0.623*；Prob > chi2 = 0.533*
		Friedman 检验	Cross sectional independence = 24.142；Prob > chi2 = 0.0001 Cross sectional independence = 7.036*；Prob > chi2 = 0.1340*
		Frees 检验	Cross sectional independence = 0.607；Average absolute value of the off – diagonal elements = 0.411 Cross sectional independence = 0.351*；Average absolute value of the off – diagonal elements = 0.334*

续表

分组	检验目的	检验方法	检验结果
中碳排放强度	组间异方差	似然比检验	LR chi2（5）=48.99；Prob > chi2 = 0.0000 LR chi2（5）=42.01*；Prob > chi2 = 0.0000*
		沃尔德检验	chi2（6）=303.12；Prob > chi2 = 0.0000 chi2（6）=147.89*；Prob > chi2 – 0.0000*
	组内自相关	Wooldridge 检验	F（1,5）= 26.065；Prob > F = 0.0038 F（1,5）= 39.198*；Prob > F = 0.0015*
		Breusch – Pagan LM 检验	chi2（15）= 22.377；Prob > chi2 = 0.0133 chi2（15）= 36.873*；Prob > chi2 = 0.0133*
	组间截面相关	Pesaran 检验	Cross sectional independence = 4.105；Prob > chi2 = 0.0000 Cross sectional independence = 0.847*；Prob > chi2 = 0.3968*
		Friedman 检验	Cross sectional independence = 24.142；Prob > chi2 = 0.0001 Cross sectional independence = 12.80*；Prob > chi2 = 0.025*
		Frees 检验	Cross sectional independence = 0.607；Average absolute value of the off-diagonal elements = 0.411 Cross sectional independence = 0.218*；Average absolute value of the off-diagonal elements = 0.420*
低碳排放强度	组间异方差	似然比检验	LR chi2（5）=19.10；Prob > chi2 = 0.0018 LR chi2（5）=58.20*；Prob > chi2 = 0.0000*
		沃尔德检验	Chi2（6）=38.86；Prob > chi2 = 0.0000 Chi2（6）=932.98*；Prob > chi2 = 0.0000*
	组内自相关	Wooldridge 检验	F（1,5）= 36.469；Prob > F = 0.0018 F（1,5）= 70.085*；Prob > F = 0.004*
	组间截面相关	Breusch – Pagan LM 检验	Chi2（15）= 20.728；Prob > chi2 = 0.1458 Chi2（15）= 22.140*；Prob > chi2 = 0.1042*
		Pesaran 检验	Cross sectional independence = 3.109；Prob > chi2 = 0.0019 Cross sectional independence = – 1.31*；Prob > chi2 = 0.1892*
		Friedman 检验	Cross sectional independence = 20.618；Prob > chi2 = 0.0010 Cross sectional independence = 3.600*；Prob > chi2 = 0.608*
		Frees 检验	Cross sectional independence = 0.141（0.223*）；Average absolute value of the off – diagonal elements = 0.285（0.323*）

注：*表示以完全碳排放强度 CI 为被解释变量的回归方程的检验结果。

（二）模型回归结果分析

1. 高碳排放强度行业的回归结果分析

高碳排放强度行业的计量回归结果见表 6 - 11，模型 1 与模型 5 为加入碳排放管制政策因素之前，分别以完全碳排放量以及完全碳排放强度为被解释变量的回归方程。模型 2 与模型 6 分别在模型 1 与模型 5 的基础上加入中国碳排放管制政策因素，用于考察中国碳排放管制政策对于完全碳排放量以及完全碳排放强度的影响以及加入该变量之后其他变量回归结果的变化。模型 3 与模型 7 分别在模型 1 与模型 5 的基础上加入 ex 变量，用于考察 Annex I 国家单方面地强化碳排放管制政策通过贸易途径影响中国碳排放水平的程度。模型 4 与模型 8 分别在模型 3 与模型 7 的基础上加入中国碳排放管制政策变量，主要考察对于 Annex I 国家单方面地强化管制政策引起的"碳泄漏"现象的影响，可以看出：

（1）在以完全碳排放量为被解释变量的回归模型中，人均收入的一次项系数符号为正，二次项系数符号为负，且高度显著，这一结果与总体样本的回归结果一致，说明人均收入与完全二氧化碳排放量之间均呈现出明显的倒"U"型关系，环境库兹涅茨曲线假说成立，但是在以完全碳排放强度为被解释变量的回归模型中，人均收入的一次项系数显著为负，而二次项的系数显著为正，表明人均收入是有利于完全碳排放强度下降的。$Policy$、ex 等控制变量的加入对于回归结果的影响并不大，因此实证结论是稳定的。

（2）在加入控制变量之前，出口贸易依存度变量与完全碳排放强度之间呈现出显著的负相关关系，而与完全碳排放量之间的相关关系并不显著。在加入中国碳排放管制政策因素之后，出口贸易依存度变量与完全碳排放强度之间的关系变得不显著，同时与完全碳排放强度的关系也不显著，说明中国的碳排放管制政策对于高碳排放行业的作用并不明显，这可能是因为管制政策力度较弱，对于高碳排放强度行业的约束性较小。在加入 ex 变量之后，ex 与完全碳排放强度之间的关系并不显著，但是却与完全碳排放量显著负相关，这与总量回归的结果一致，表明发生了"污染避难所"效应，在加入 ex 变量之后，出口贸易依存度与完全碳排放量之间呈现出显著的正相关关系，这与第四章的理论分析结果一致，表明 Annex I 国家单方面地强化碳排放管制政策将会通过贸易途径引起中国完全碳排放量上升，发生"碳泄漏"现象，前提是中国并未相应地强化碳排放管制政策。若中国相应地强化碳排放管制政策，在加入 ex 变量之后再加入 $policy$ 变量，通过模型 4 与模型 8 的回归结果可以看出，出口贸易依存度与完全碳排放强度及完全碳排放量之间关系变得不显著，表明若中国积极地实施碳排放管制政策，则可以在一定程度上抵消 Annex I 国家强化管制通过贸易途径引起的中国完全碳排放量的增加，"碳泄漏"现象不一定发生。

表 6-11　　　　　　　　　高碳排放强度行业的回归结果

解释变量	以 $\ln C_{it}$ 为被解释变量的回归结果				以 CI_{it} 为被解释变量的回归结果			
	模型 1	模型 2	模型 3	模型 4	模型 5	模型 6	模型 7	模型 8
y	0.900***	0.901***	0.865***	0.896***	-0.557***	-0.514***	-0.559***	-0.510***
	(0.085)	(0.0401)	(0.075)	(0.051)	(0.135)	(0.135)	(0.134)	(0.131)
y^2	-0.116***	-0.117***	-0.119***	-0.117***	0.075*	0.064**	0.076***	0.064**
	(0.015)	(0.0071)	(0.014)	(0.008)	(0.027)	(0.026)	(0.027)	(0.026)
$trade$	0.186	0.125	0.510***	0.159	-0.502**	-0.376	-0.457*	0.239
	(0.162)	(0.1265)	(0.169)	(0.155)	(0.236)	(0.245)	(0.277)	(0.287)
e	0.028*	0.041***	0.013	0.038***	0.297***	0.280***	0.299***	0.281***
	(0.015)	(0.009)	(0.012)	(0.010)	(0.021)	(0.022)	(0.021)	(0.022)
k	0.045**	0.037**	-0.005	0.014	0.016	0.023**	-0.001	-0.014
	(0.023)	(0.018)	(0.030)	(0.022)	(0.033)	(0.031)	(0.036)	(0.032)
ex	—	—	-1.260***	-0.531***			-0.249	-0.625
			(0.196)	(0.181)			(0.362)	(0.405)
$policy$	—	22.82***		18.82***		-10.44*		-12.57**
		(2.476)		(3.184)		(5.407)		(2.140)
Industry2	1.592***	1.558***	1.547***	1.582***	-0.054	-0.071	-0.047	-0.060
	(0.093)	(0.060)	(0.072)	(0.064)	(0.145)	(0.141)	(0.143)	(0.140)
Industry3	1.425***	1.316***	1.483***	1.376***	-0.447***	-0.382***	-0.433***	-0.333**
	(0.111)	(0.068)	(0.080)	(0.073)	(0.140)	(0.144)	(0.139)	(0.057)
Industry4	1.936***	1.968***	2.018***	1.998***	0.468***	0.459***	0.482***	0.493***
	(0.053)	(0.034)	(0.049)	(0.039)	(0.087)	(0.093)	(0.085)	(0.088)
Industry5	0.758***	0.832***	0.616***	0.826***	0.347*	0.231	0.352*	0.216
	(0.147)	(0.098)	(0.122)	(0.110)	(0.104)	(0.197)	(0.201)	(0.1968)
_cons	-0.718***	-0.988***	0.070	-0.630***	1.092***	1.213***	1.218***	1.561
	(0.214)	(0.137)	(0.240)	(0.203)	(0.310)	(0.303)	(0.375)	(0.336)

注：*、**、***分别表示在 10%、5%、1% 的临界水平上显著。

（3）与总体样本的回归结果一样，分组后，高碳排放强度行业的能耗强度变量显著地与完全碳排放强度正相关，但是与完全碳排放量也呈现出显著的正相关性，加入 *policy* 、*ex* 等控制变量对于回归结果的影响不大。与总体样本的回归结果不同的是，高碳排放强度行业的资本强度变量与完全碳排放量呈现出一种显著的正相关关系，要素禀赋假说成立，加入 *policy* 变量对其影响不大，但是加入 *ex* 变量却使得两者之间的相关性变得不显著。

（4）为了控制个体效应 u_i，这里生成"行业虚拟变量"，各种检验结果显示，大部分行业的虚拟变量都非常显著，即存在明显的固定效应，因此应该在模型设定中允许每个个体拥有自己的截距项。

2. 中碳排放强度行业的回归结果分析

与高碳排放强度行业一样，中碳排放强度行业的计量回归模型 1 与模型 5 为考虑碳排放管制因素之前的回归方程，而模型 2 至模型 4 与模型 6 至模型 8 为分别在模型 1 和模型 5 的基础上逐步加入控制变量之后的回归方程，回归结果见表 6 – 12。

（1）与总体样本的回归结果以及高碳排放强度行业的回归结果一致，人均收入与完全二氧化碳排放量之间均呈现出明显的倒"U"型关系，环境库兹涅茨曲线假说成立，但是与两者不同的是，在以完全碳排放强度为被解释变量的回归模型中，人均收入的一次项系数与二次项系数均显著为负，表明人均收入有利于完全碳排放强度的下降。加入 *policy* 、*ex* 等控制变量之后对于回归结果的影响不大，说明回归结果是非常稳定的。

（2）出口贸易依存度变量与完全碳排放强度之间的相关性不显著，即使加入 *policy* 、*ex* 等控制变量之后对于回归结果的影响也不大，但是与完全碳排放量之间的关系却随着控制变量的逐步加入而发生变化。在加入控制变量之前，出口贸易依存度与完全碳排放量之间是显著的正相关关系，但是在加入 *policy* 变量之后，两者之间的关系变为不显著，这一结论验证了第四章的理论分析结果，若不对碳排放采取管制措施，则贸易自由化带来的结构效应和规模效应均会引起碳排放量的增加，如果积极地采取碳排放管制政策，则技术效应引起的碳排放量的降低可能会抵消或者超过结构效应与规模效应带来的碳排放量的增加，使得出口贸易的碳排放效应变得不显著或者显著为负。

（3）在模型 1 的基础上加入 ex 变量，可以看出该变量与完全碳排放强度呈现出显著的正相关关系，与完全碳排放量之间的相关性却不显著，加入该变量之后，无论是以完全碳排放强度为被解释变量的回归方程还是以完全碳排放量为被解释变量的回归方程，出口贸易依存度的回归结果变化不大，表明 Annex I 国家单方面地强化碳排放管制政策并未引起中国的中碳排放强度行业发生"污染避难所"效应以及"碳泄漏"现象。在模型 3 与模型 7 的基础上加入中国的碳排放管制政策因素可以抵消出口贸易的正的碳排放效应，使得出口贸易依存度与完全碳排放量之间显著的正相关关系变得不显著。

表 6-12　　　　　　　　　　中碳排放强度行业的回归结果

解释变量	以 $\ln C_{it}$ 为被解释变量的回归结果				以 CI_{it} 为被解释变量的回归结果			
	模型 1	模型 2	模型 3	模型 4	模型 5	模型 6	模型 7	模型 8
y	1.275 ***	0.993 ***	1.291 ***	0.971 ***	-0.374 ***	-0.319 ***	-0.470 ***	-0.366 ***
	(0.171)	(0.131)	(0.180)	(0.133)	(0.068)	(0.058)	(0.097)	(0.068)
y^2	-0.147 **	-0.138 **	-0.147 *	-0.138 ***	-0.088 *	-0.062 ***	-0.076 *	-0.072 ***
	(0.074)	(0.063)	(0.081)	(0.051)	(0.039)	(0.023)	(0.045)	(0.027)
$trade$	0.031 **	0.004	0.032 **	-0.0119	0.0015	0.015	-0.007	0.002
	(0.014)	(0.024)	(0.014)	(0.019)	(0.003)	(0.010)	(0.006)	(0.010)
e	-0.018	-0.064 **	-0.014	-0.107 ***	0.2754 ***	0.316 ***	0.246 ***	0.281 ***
	(0.026)	(0.026)	(0.025)	(0.026)	(0.019)	(0.013)	(0.019)	(0.013)
k	-0.458 ***	-0.260 ***	-0.470 ***	-0.189 **	0.505 ***	0.425 ***	0.554 ***	0.495 ***
	(0.100)	(0.085)	(0.098)	(0.079)	(0.033)	(0.041)	(0.045)	(0.041)
ex	—	—	-0.0594	1.478 ***			1.289 ***	0.756 ***
			(0.203)	(0.341)			(0.194)	(0.151)
$policy$	—	30.45 ***	—	37.56 ***		-16.37 ***	—	-13.33 ***
		(3.171)		(3.153)		(1.993)		(2.140)
Industry2	-1.075 ***	-1.075 ***	-1.079 ***	-0.808 ***	-0.177 ***	-0.177 ***	-0.002	-0.068
	(0.158)	(0.092)	(0.157)	(0.083)	(0.062)	(0.052)	(0.077)	(0.058)
Industry3	-1.407 ***	-1.345 ***	-1.405 ***	-1.274 ***	0.0570	0.038	0.061	0.051
	(0.155)	(0.097)	(0.155)	(0.081)	(0.080)	(0.045)	(0.080)	(0.057)
Industry4	-1.169 ***	-1.109 ***	-1.171 ***	-1.038 ***	0.647 ***	0.618 ***	0.657 ***	0.646 ***
	(0.130)	(0.082)	(0.1316)	(0.056)	(0.149)	(0.069)	(0.121)	(0.072)
Industry5	-0.392 ***	-0.338 ***	-0.393 ***	-0.244 ***	0.518 ***	0.507 ***	0.550 ***	0.538 ***
	(0.128)	(0.084)	(0.127)	(0.068)	(0.104)	(0.045)	(0.087)	(0.052)
Industry6	-3.575 ***	-3.163 ***	-3.585 ***	-2.953 ***	0.090	-0.080	0.1584	0.038
	(0.226)	(0.290)	(0.224)	(0.221)	(0.079)	(0.118)	(0.108)	(0.128)
_cons	1.202 ***	0.936 ***	1.231 ***	-0.147 ***	0.256 ***	0.399 ***	-0.509 ***	-0.103
	(0.133)	(0.120)	(0.183)	(0.311)	(0.088)	(0.047)	(0.193)	(0.136)

注：*、**、***分别表示在 10%、5%、1% 置信水平上显著。

（4）能耗强度变量与完全碳排放强度之间的相关性显著为正，加入 *policy*、*ex* 等控制变量之后的变化不大，这与总体样本的回归结果一致。在未加入控制变量之前，能耗强度与完全碳排放量之间的相关性不显著，但是在加入碳排放管制政策之后，能耗强度与完全碳排放量之间呈现出显著的负相关关系。与总体样本以及高碳排放强度行业的回归结果不同，资本强度变量与完全碳排放强度呈现出显著的正相关关系，与完全碳排放量呈现出显著的负相关关系，而且加入 *policy*、*ex* 等控制变量之后回归结果的变化不大。这里同样生成"行业虚拟变量"，各种检验结果显示，大部分行业的虚拟变量都非常显著，即存在明显的固定效应，因此应该在模型设定中允许每个个体拥有自己的截距项。

3. 低碳排放强度行业的回归结果分析

低碳排放强度行业回归模型的设置均与高碳排放强度行业与中碳排放强度行业一致，回归结果见表 6 – 13。

（1）人均收入与完全二氧化碳排放量之间呈现出明显的倒"U"型关系，环境库兹涅茨曲线假说成立，但是在以完全碳排放强度为被解释变量的回归模型中，人均收入的一次项系数为负，二次项的系数为正，这与高碳排放强度行业的回归结果一致。加入 *policy*、*ex* 等控制变量之后对于回归结果的影响不大，说明回归结果是非常稳定的。

（2）出口贸易依存度变量与完全碳排放强度之间的相关性不显著，即使加入 *policy*、*ex* 等控制变量之后对于回归结果的影响也不大。在加入控制变量之前，出口贸易依存度与完全碳排放量之间呈现出正相关关系，且在1%的置信水平上高度显著，加入 *policy* 变量并未影响两者之间的显著性水平，说明目前的碳排放管制政策对于低碳排放强度行业的影响不大。在模型1回归方程的基础上加入 *ex* 变量，可以看出该变量与完全碳排放强度呈现出显著的正相关关系，而与完全碳排放量呈现出显著的负相关关系，在 *ex* 变量下降的情形下完全碳排放量依然上升，表明外国单方面地强化碳排放管制政策增强了中国低碳排放强度行业的出口贸易优势。在 *ex* 变量的作用下，低碳排放产品的出口比重增强，促使出口贸易依存度与完全碳排放量之间的回归系数由 0.1265 下降到 0.0898，并且由在1%的置信水平上高度显著变为在10%的置信水平上显著。在加入 *ex* 变量的基础上进一步加入 *policy* 变量，出口贸易依存度变量的回归系数增大，且显著性水平进一步提高，按照理论分析的结果，强化碳排放管制政策将有利于清洁产品出口贸易的碳排放效应进一步下降，但是这里的实证结果与理论分析相反，说明国家放松了对于清洁产品的碳排放管制水平，技术效应引起碳排放水平的增加量超过了规模效应与结构效应带来的碳排放水平的降低量。

（3）能耗强度与资本强度的回归结果与中碳排放强度行业的回归结果大致相似，同样为了控制个体效应生成"行业虚拟变量"，各种检验结果显示，大部分行业的虚拟变量都非常显著，应该在模型设定中允许每个个体拥有自己的截距项。

表 6 - 13　　　　　　　低碳排放强度行业的回归结果

解释变量	以 $\ln C_{it}$ 为被解释变量的回归结果				以 CI_{it} 为被解释变量的回归结果			
	模型 1	模型 2	模型 3	模型 4	模型 5	模型 6	模型 7	模型 8
y	1.317 ***	1.255 ***	1.364 ***	1.141 ***	-1.120 ***	-0.881 ***	-0.965 ***	-0.843 ***
	(0.938)	(0.117)	(0.170)	(0.146)	(0.197)	(0.172)	(0.159)	(0.152)
y^2	-0.190 ***	-0.232 ***	-0.251 ***	-0.234 ***	0.175 ***	0.148 ***	0.172 ***	0.157 ***
	(0.030)	(0.063)	(0.051)	(0.036)	(0.058)	(0.047)	(0.043)	(0.039)
$trade$	0.126 ***	0.185 ***	0.089 *	0.112 **	-0.036	-0.060	0.022	-0.005
	(0.015)	(0.027)	(0.048)	(0.047)	(0.051)	(0.051)	(0.051)	(0.054)
e	-0.187 ***	-0.282 ***	-0.145 ***	-0.203 ***	0.099 *	0.150 **	0.031	0.086
	(0.017)	(0.026)	(0.052)	(0.057)	(0.058)	(0.060)	(0.057)	(0.063)
k	-0.748 ***	-0.760 ***	-0.708 ***	-0.551 ***	0.677 ***	0.556 ***	0.584 ***	0.518 ***
	(0.095)	(0.115)	(0.099)	(0.120)	(0.105)	(0.094)	(0.066)	(0.069)
ex	—	—	-2.970 ***	-2.576 ***	—	—	2.233 ***	1.841
			(0.536)	(0.539)			(0.382)	(0.403)
$policy$	—	16.45 ***	—	15.10 ***	—	-12.45 ***	—	-7.851 **
		(2.547)		(3.69)		(3.544)		(3.396)
Industry2	0.199	-0.053	-0.103	-0.172	-0.135	-0.003	0.082	0.134
	(0.126)	(0.102)	(0.132)	(0.123)	(0.116)	(0.111)	(0.092)	(0.088)
Industry3	-1.214 ***	-1.482 ***	-1.090 ***	-1.303 ***	-0.066	0.111 *	-0.120 ***	-0.002
	(0.115)	(0.088)	(0.081)	(0.086)	(0.071)	(0.067)	(0.040)	(0.058)
Industry4	-0.110	-0.290 ***	-0.602 ***	-0.593 ***	0.431 ***	0.500 ***	0.754 ***	0.746 ***
	(0.074)	(0.057)	(0.109)	(0.101)	(0.111)	(0.110)	(0.094)	(0.093)
Industry5	-0.475 ***	-0.683 ***	-1.013 ***	-1.041 ***	0.010	0.110	0.352 ***	0.369 ***
	(0.100)	(0.095)	(0.129)	(0.119)	(0.117)	(0.122)	(0.093)	(0.091)
Industry6	-1.982 ***	-2.560 ***	-1.877 ***	-2.175 ***	0.114	0.420 *	-0.080	0.170
	(0.121)	(0.126)	(0.206)	(0.210)	(0.207)	(0.221)	(0.197)	(0.224)
_ cons	0.412 ***	0.593 ***	2.554 ***	2.325 ***	0.839 ***	0.726 ***	-0.859 ***	-0.628
	(0.137)	(0.147)	(0.431)	(0.426)	(0.156)	(0.124)	(0.321)	(0.316)

注：*、**、*** 分别表示在 10%、5%、1% 置信水平上显著。

第四节　本章小结

本章基于中国工业行业层面的面板数据，利用固定效应模型、可行广义最小二乘法等方法，分别对总体样本数据以及分组样本数据进行回归，实证检验了影响中国各行业二氧化碳排放的诸多因素，重点探讨了出口贸易的碳排放效应以及在碳排放管制政策实施前后出口贸易碳排放效应的变化。同时结合二氧化碳排放的全球"公共负产品"的特征，探讨了国内外碳排放管制政策对于中国出口贸易二氧化碳排放效应的影响。得出的结论主要如下。

第一，无论是总体样本回归结果还是分组样本回归结果，均显示人均产出与完全碳排放量之间存在显著的倒"U"型关系，完全碳排放量将会随着人均产出的增加呈现出先上升后下降的趋势，环境库兹涅茨曲线假说成立。但是以完全碳排放强度为被解释变量的回归结果并未呈现明显的倒"U"型关系，总体样本回归结果显示完全碳排放强度将会随着人均产出的增加持续下降，分组回归结果显示高碳排放强度行业与低碳排放强度行业的完全碳排放强度随着人均产出的增加呈现出先下降后上升的趋势，而中碳排放强度行业的完全碳排放强度随着人均收入的增加持续下降。

第二，出口贸易有利于中国各行业二氧化碳排放水平的下降。总体样本回归结果显示，无论是以完全碳排放量为被解释变量还是以完全碳排放强度为被解释变量，出口贸易开放度变量与碳排放水平之间一直呈现出显著的负相关关系，但是在 Annex Ⅰ国家单方面地强化碳排放管制政策之后，由于存在"污染避难所"效应，中国部分高碳排放行业的出口贸易优势增强，从而产生了一定的"碳泄漏"现象，使得出口贸易依存度与完全碳排放量之间的负相关关系变得不显著，但是若在此基础上再加入中国的碳排放管制政策因素，将会使得这种负相关关系重新恢复显著。分组样本回归结果显示 Annex Ⅰ国家单方面地强化碳排放管制政策引起了中国部分高碳排放行业出口贸易优势的增强，使得出口贸易依存度变量与完全碳排放量之间不显著的正相关关系变得高度显著，但是若中国积极地实施碳排放管制政策，可以冲销由于"污染避难所"效应引起的"碳泄漏"现象。中碳排放强度行业的出口贸易依存度与完全碳排放量之间呈现出一种显著的正相关关系，Annex Ⅰ国家单方面地强化碳排放管制政策对于回归结果的影响不大，但是若中国积极地实施碳排放管制政策，则可以模糊上述正相关关系。对于低碳排放强度行业，Annex Ⅰ国家单方面地强化碳排放管制政策可以增强中国该类型行业的出口贸易优势，降低了出口贸易对于完全碳排放量的正向作用，但是在此基础上加入碳排放管制政策对于回归结果的影响不大，说明目前中国的碳排放管制政策主要针对高碳排放行业与中碳排放行业，对于低碳排放行业的影响不大。

第三，无论是总体样本回归结果还是分组样本回归结果，均显示碳排放管制政策与完全碳排放强度显著负相关，而与完全碳排放量显著正相关。本书认为碳排放管制政策的实施大多是针对完全碳排放强度的，而完全碳排放量不仅取决于完全碳排放强度而且取决于产值，如果碳排放管制政策带来的完全碳排放强度下降的幅度小于产值增加的幅度，则有可能间接地导致碳排放管制政策与完全碳排放量的正相关。

第四，其他的一些控制变量如能耗强度以及资本强度的回归结果在样本分组前后非常不一致，反映出这些控制变量具有非常典型的行业特征。与总体样本的回归结果一样，分组后的能耗强度变量显著地与完全碳排放强度正相关，但是与完全碳排放量的关系却不一致。对于高碳排放强度行业而言，能耗强度与碳排放量呈现出显著的正相关性，而中、低碳排放强度行业的能耗强度却与碳排放量呈现出显著的负相关关系。能耗强度代表一种技术水平，直接关系到碳排放强度，在历年能耗强度与碳排放强度下降的情况下，碳排放总量依然呈现上升的趋势，意味着决定中国碳排放总量增长的产量因素大于能耗强度因素。

第七章　结论和研究展望

第一节　全书结论

一个多世纪以来，随着各国工业化的进程，二氧化碳等温室气体的排放造成大气污染、物种灭绝、生态失衡现象日益严峻，逐步成为制约经济与社会可持续性发展的瓶颈。从 21 世纪初，一些发达国家提出了低碳经济的发展理念，并积极地付诸实施，后经济危机时代，这些国家更是将发展低碳经济视为拉动经济复苏的新的增长点，积极地采取多种措施对碳排放进行管制。现有的研究表明，出口贸易结构及贸易流量对于一国的碳排放水平具有显著的影响。部分发达国家认为单方面地强化碳排放管制政策将会引起部分碳排放密集型行业的出口贸易优势转移到发展中国家，使之成为碳排放的"污染避难所"，对此，发达国家一方面通过国际合作谈判强调对等的减排责任，另一方面欲通过对发展中国家的出口产品征收边境调节碳税进行惩罚。

中国作为世界上最大的出口国与二氧化碳排放国，首当其冲成为发达国家争论的焦点。目前对于中国出口贸易碳排放效应的研究大多停留在简单的数值测算或者单纯的实证检验上，很少将其与国内外的碳排放管制政策相结合，没有充分认识到管制政策对于一国出口贸易碳排放效应的影响，因此也未能充分地驳斥发达国家实施的边境调节措施。本书建立了一个系统的理论与实证分析框架，分别探讨了本国与发达国家的碳排放管制政策对于中国出口贸易碳排放效应的影响，分析了"碳泄漏"现象产生的条件以及实施边境调节碳税的后果，对于中国降低碳排放、发展低碳经济以及在国际气候谈判中主动地争取利益提供了具体的政策参考。本书的主要研究结论如下。

第一，在各国碳排放管制政策不变的情形下，出口贸易对于一个国家碳排放水平的影响取决于该国的出口贸易优势。如果该国出口贸易优势在于碳排放密集型行业，则出口贸易的结构效应与规模效应将会引起二氧化碳排放量的上升；反之，若该国的出口贸易优势在于清洁产品行业，则出口贸易的结构效应与规模效应将会引起二氧化碳排放量的下降。利用中国 2001—2010 年 17 个工业行业的数据进行实证检验，总体回归结果显示出口贸易有利于中国碳排放水平的下降，表明总体而言，中国在清洁产品方面具有出口贸易优势，这与理论分析结果一致。

第二，发达国家单方面地强化碳排放管制政策将会引起部分碳排放密集型行业的出口贸易优势由发达国家转移到发展中国家，"污染避难所"效应存在。通过中国各行业出口贸易碳排放比重以及净出口贸易指数的测算，可以观察 Annex Ⅰ 国家部分高碳排放强度行业的出口贸易优势出现了向中国转移的情形。计量回归结果显示，在加入 Annex Ⅰ 国家碳排放管制政策因素之后，出口贸易对于中国碳排放水平的正向作用加强，验证了"污染避难所"效应的存在。

第三，出口贸易优势的扩大促进了人均收入水平的提高，由于环境质量是一种正常品，消费者在收入提高后会增加对于更好环境质量的需求。在均衡条件下，政府如果能够充分考虑消费者的效用最大化，将会强化碳排放管制政策，由此会产生一种技术效应，促进碳排放水平的下降。在"污染避难所"效应存在的前提下，若技术效应引起的碳排放的减少量超过由于结构效应和规模效应带来的碳排放的增加量，则"碳泄漏"现象不一定会发生。计量回归结果显示，在加入中国碳排放管制政策变量之后，将会减弱或者抵消由于 Annex Ⅰ 国家单方面强化碳排放管制政策对于中国带来的"碳泄漏"现象。

第四，既然"碳泄漏"现象不一定会发生，则发达国家以应对"碳泄漏"为名的边境调节措施就失去了存在的依据。理论分析结果显示，边境调节碳税将会促使碳排放由发展中国家重新转移回发达国家，有悖于发达国家进行碳排放管制的初衷，同时也是自由贸易的倒退，因此应该摒弃这种非合作的碳排放治理方式，积极地在全球合作机制下寻求有效的治理途径。近些年来，世界各国在《联合国气候变化框架公约》以及《京都议定书》等协定的框架下举行了多次约束全球二氧化碳排放的合作谈判，尽管取得一些成绩，但是仍面临许多问题，如减排承诺的确定与履行、发展中国家承担责任的划定、发达国家为发展中国家提供资金与技术援助承诺的履行、新型国际合作模式的实践等。

第二节　政策建议

通过前文的分析可知，碳排放管制政策的科学实施可以有效地降低出口贸易正的碳排放效应，同时有利于抵消发达国家单方面强化碳排放管制政策所带来的"碳泄漏"效应，对于中国合理发展低碳经济以及在以低碳产业为主导的新一轮国际竞争中寻求竞争优势均具有至关重要的作用。目前中国的碳排放管制水平明显地滞后于欧盟、美国、日本等发达国家和组织，管制政策仍以行政命令式的手段为主，没有充分发挥市场机制在节能减排方面的有效作用，影响了碳排放管制的效果，因此建立完善的碳排放管制政策体系，提高碳排放管制的效率及有效性是当务之急。同时，鉴于当前降低碳排放的国际合作现状，中国应在主动承担相应责任的同时，积极地探索新的合作模式，争取国际谈判的主导权，倡导建立一种公平、合理和有效的国际合作框架。

一　建立完善的碳排放管制政策体系

（一）在合理的范围内发挥行政命令式碳排放管制政策的有效性

尽管行政命令式的管制手段对所有的微观主体采取"一刀切"的统一标准，无法顾及不同个体间的边际减排成本，存在着效率低下以及激励机制不足的缺点，但是近些年来，通过制定相关的法律法规以及行政条文、下达节能减排硬指标、强制关闭"三高"（高耗能、高污染、高排放）企业、淘汰落后产能等一系列控制手段，中国二氧化碳等温室气体的排放水平得到有效控制。为了履行到 2020 年国内单位 GDP 的二氧化碳排放较 2005 年下降 40%—45% 的减排承诺，直接有效的行政命令式的减排措施是不可或缺的，尽管不能作为今后中国减排的主要手段，但是应该在合理有限的范围内充分发挥其有效性。

（二）确立经济性碳排放管制政策的主导作用

通过第三章的分析可以看出，目前大部分发达国家的碳排放管制政策以市场调节机制为主，充分考虑到各微观主体的边际情况，可以在保证经济效率的同时实现减排成本的最小化，具有很大的灵活性以及激励效果。中国目前在降低二氧化碳等温室气体排放方面缺乏市场机制的调节，为了从根本上抑制二氧化碳排放对于社会环境造成的不利影响以及在新一轮的以低碳产业为核心的国际竞争中争取有利地位，必须充分发挥经济性的碳排放管制措施的主导作用。

前文提到，从经济学角度解决碳排放污染带来的外部性问题主要有两种方式，即征收二氧化碳排放税以及建立碳排放交易体系。两种手段的作用原理存在差异，前者主要是价格干预，政府根据产品碳排放的边际成本设定碳排放的价格，通过价格的变化引导经济行为的主体，由市场决定碳排放的数量；而后者主要是数量干预，由政府事先对于碳排放总量规定一个限额，通过排放许可在各经济主体之间的交易决定碳排放的价格。从某种意义上来讲，碳排放交易机制预先设定了社会总的碳排放数量，具有更加明确的目标，因此实施起来具有更加明显的效果。从国际经验上来看，碳排放交易机制的完善程度以及实施范围远远高于碳税措施，目前从国内来看，也已经开始了碳排放交易机制的试点工作，但是征收碳税尚未设定明确的时间表，因此在未来的一段时间内，逐步扩大碳排放交易的试点范围并在全国范围内建立统一的碳排放交易机制将是工作的重点。制定公平有效的交易规则、科学地设定碳排放的总额度、完善碳排放权的分配及拍卖制度、与国际交易市场的合理对接等内容则是建立碳排放交易机制需要解决的关键性问题。

此外，国家要提供一定的财政补贴，支持培育出一批低耗能、低排放、高附加值、具有较强国际竞争力的低碳产业。加大对低碳技术研发的支持力度，给予相关的科研机构、企业及个人充足的研发资金支持，同时鼓励银行等金融机构加大对于低碳企业的信贷力度，对于低碳产品的出口提高退税率，鼓励企业调整自身的出口结构。此外，要大力发展新能源产业，加大对于新能源产业的研发补贴以及投资补贴，扩大新能源产业税收优惠的范围。

（三）建立碳足迹标签认证制度

碳足迹标签认证属于自愿性的碳排放管制措施，相比于其他的管制措施，碳足迹标签认证有利于企业变被动为主动，更容易实现减排目标，具有更加明显的实施效果。从目前的国际形势来看，碳足迹标签认证有可能成为新型的贸易壁垒，因此，政府要早日建立完善的碳足迹标签认证制度，积极地引导出口企业主动开展相关的认证工作，以便在国际竞争中获取优势。

借鉴国际经验，建立一套行之有效的碳足迹认证体系应包括政策及标准制定、试点项目、宣传与教育、制度研究等多方面，涉及政府部门、科研团体、企业与消费者等多方行为主体。首先要确认碳足迹标签认证工作的主管及具体实施部门，由主管部门负责对该项目进行整体规划，由具体实施部门负责制定认证规则、计算标准及评价标准，发起试点项目，对公众进行培训教育，以及建立相应的国家数据库等。其次要出台一系列规范以及约束的文件，如建立碳足迹标签制度的原则以及标准、规范不同类别产品碳排放的计算标准及方法的《产品类别规则》等。最后要设计出恰当的碳足迹标签，颜色要对比鲜明，简单明晰，能够对消费者形成强烈吸引力。此外，静态标签不能描述产品碳排放的动态特征，随着信息技术的发展，我国碳足迹标签的设计要尽量体现出产品碳排放的变化，如开发手机阅读碳足迹标签以获取产品动态碳排放信息的功能。

二　合理承担减排义务，争取国际合作谈判的主动权

（一）坚持"共同但有区别责任"的减排原则，合理地承担减排义务

《联合国温室气体框架公约》以及《京都议定书》所奉行的"共同但有区别责任"的原则充分考虑了发达国家与发展中国家的历史责任，是科学合理地指导世界各国减少二氧化碳等温室气体排放的基本原则。中国应当在国际合作谈判中，自觉遵守该原则，积极地采取减排措施，合理地承担减排义务。同时坚决反对发达国家无视历史责任、片面强调发展中国家减排义务、试图改变现行的国际合作框架的行为。

（二）探索绿色气候基金的全新运作模式，寻求国际低碳技术合作研发框架

由于发达国家的履约滞后，导致目前的绿色气候基金只停留在概念和形式层面，尚未建立一个独立的运作实体。融资的来源以及资金的管

理是各国关注的核心问题，根据哥本哈根协议，应该积极地采取多种融资手段和渠道，除了发达国家政府注资外，还应积极地纳入私人资金等多边资金来源，主要国家要建立碳排放交易机制，充分发挥市场在拓宽融资渠道中的作用。融资后资金的管理以及运用是发展中国家尤其关注的另一问题，中国要积极地倡导建立公平、透明的治理结构和运作规则，以保证从基金中获得充分的利益。目前发达国家对于中国很难采取单纯地以技术转移为模式的技术援助，但是可以寻求成立共同的技术研究机构，创建共同的技术研发平台，通过技术合作的方式获取低碳技术。

（三）争取国际合作谈判的主动权，完善公平、透明、有效的国际合作框架

近些年来，中国积极地参与应对气候变化的国际谈判，加强与各国在降低二氧化碳等温室气体排放方面的磋商与对话，在国际合作谈判中的作用日益凸显，推动了"巴厘路线图"的制定，促使了哥本哈根会议、坎昆会议以及多哈会议取得实质性成果。在当前部分发达国家消极不合作的情形下，中国更应积极地发挥大国作用，逐步掌握国际合作谈判的主动权，推动国际合作谈判向前发展，建立公平合理的责任分担机制，保证运作机制的公开透明，在成本节约的前提下提高国际合作减排的效率。

第三节　研究展望

关于贸易与环境问题的研究并非是一个新的话题，但是以碳排放为主要的研究对象却始于 21 世纪初，这一方面是由于研究方法的改进以及数据获取的可行性增强，另一方面也说明碳排放的负外部效应引起了越来越多的关注。本书在借鉴前人研究的基础上对于中国出口贸易的碳排放效应以及国内外碳排放管制政策的影响进行了一定的研究，但是由于碳排放管制政策尤其是经济性的碳排放管制措施在中国尚处于起步阶段，缺少相关的数据资料，在实证方面稍显欠缺，此外，受作者研究能力所限，书中的结论可能有失偏颇，需要在以后的研究工作中完善与修正。具体到本书后续的研究内容，可以从以下两个方面入手：首先，随

着中国碳排放管制政策的逐步实施，预测以及评价各种碳排放管制政策的效果将会显得非常重要。其次，本书主要是从行业层面分析了政府管制成本对于出口贸易碳排放效应的影响，具体到企业层面，由于各企业的生产成本以及生产率存在差异，管制成本的纳入对于各企业的影响也存在差异，因此可以与异质性企业贸易理论相结合，探讨加入管制成本后的绿色生产率对于出口企业贸易行为以及碳排放效应的影响。

附　　表

附表 5 - 1　　　2001—2010 年中国出口贸易中的二氧化碳排放量及其比率

（百万吨,%）

	2001	2002	2003	2004	2005	2006	2007	2008	2009	2010
直接	543.3	556.2	620.3	805.0	942.2	1091.1	1133.5	1333.4	759.2	981.2
比率	0.174	0.166	0.160	0.175	0.185	0.193	0.187	0.204	0.111	0.135
完全	1705	1867	2099	2516	3069	3528	3683	4167	2878	3611
比率	0.198	0.208	0.209	0.204	0.258	0.270	0.276	0.262	0.169	0.201

注：直接为历年出口贸易中的直接二氧化碳排放量，完全为历年出口贸易中的完全二氧化碳排放量，比率为历年出口贸易中直接（完全）二氧化碳排放量占当年中国直接（完全）二氧化碳排放总量的比重。

数据来源：根据第五章相关公式与数据计算得出。

附表 5 - 2　　　2001—2010 年中国各出口行业出口情况一览表　　　（亿美元）

		2001	2002	2003	2004	2005	2006	2007	2008	2009	2010
行业 1	EW	46.97	57.99	73.29	64.10	76.15	76.58	94.38	97.02	104.55	131.61
	IW	81.13	81.53	130.95	200.06	210.39	242.53	293.25	417.63	367.07	537.94
	EA	27.71	31.23	40.62	37.43	43.75	41.31	49.04	45.63	43.39	52.98
	IA	40.88	40.27	58.46	108.58	100.76	104.25	124.54	173.09	178.12	233.52
行业 2	EW	54.12	54.12	60.89	72.34	98.41	91.7	87.0	123.6	67.5	77.43
	IW	189.29	189.29	294.29	548.83	785.44	1040.4	1414.2	2271.6	1747.0	2723.16
	EA	35.62	35.62	42.20	48.17	65.44	62.3	56.8	86.0	44.2	48.31
	IA	39.41	39.41	55.15	113.65	169.98	214.6	284.1	443.6	439.0	672.57

		2001	2002	2003	2004	2005	2006	2007	2008	2009	2010
行业3	EW	108.65	118.10	134.83	161.21	189.17	226.53	261.77	292.54	278.09	345.80
	IW	56.36	67.57	89.05	117.85	122.23	141.71	196.50	253.92	218.93	292.52
	EA	81.54	86.63	97.94	116.48	138.52	165.34	187.87	199.90	186.98	226.14
	IA	36.86	39.90	48.79	57.00	63.95	72.06	92.61	114.66	105.90	152.61
行业4	EW	694.99	795.74	996.25	1201.9	1451.0	1783.1	2107.7	2304.8	2091.9	2617.7
	IW	162.37	168.35	182.53	200.0	205.2	222.4	234.0	232.9	205.9	252.9
	EA	451.72	491.86	599.78	708.5	923.6	1059.7	1275.2	1390.9	1294.0	1604.7
	IA	79.83	75.91	82.07	90.5	1451.0	96.0	101.9	105.7	91.6	110.3
行业5	EW	28.36	34.95	42.80	60.20	75.42	98.81	113.70	114.37	92.18	111.39
	IW	17.73	20.04	22.10	24.15	24.87	25.52	26.51	28.66	31.83	51.85
	EA	23.61	28.85	35.34	48.63	60.23	76.37	84.53	82.06	67.90	82.18
	IA	6.52	7.93	8.62	9.67	10.22	11.62	13.06	15.17	18.70	30.04
行业6	EW	21.62	25.72	33.72	40.37	53.02	70.79	105.19	117.14	112.34	136.60
	IW	67.65	74.56	84.30	96.76	97.55	102.88	134.14	148.07	145.77	181.69
	EA	10.45	12.56	16.92	21.19	28.21	37.03	54.46	60.31	59.21	70.41
	IA	44.39	46.73	52.14	61.83	61.94	66.60	81.50	88.66	86.16	111.01
行业7	EW	34.82	38.05	58.81	85.58	96.50	101.48	134.33	216.89	141.78	205.78
	IW	54.96	59.46	85.49	124.40	141.50	199.97	207.62	342.98	215.60	301.59
	EA	14.87	15.65	23.34	41.98	38.88	39.07	48.80	79.69	23.55	39.08
	IA	29.00	26.88	36.78	56.40	70.11	98.61	107.83	184.61	97.78	136.91
行业8	EW	136.10	157.87	204.09	276.08	371.59	452.72	642.0	838.5	654.4	904.2
	IW	332.90	407.49	511.33	677.00	794.88	883.94	1079.6	1180.1	1107.6	1451.1
	EA	77.60	88.46	115.76	148.85	199.99	240.28	315.3	423.9	317.0	432.2
	IA	212.72	253.33	318.11	424.57	492.54	544.88	675.8	765.5	708.4	887.4
行业9	EW	77.15	92.62	114.48	153.64	204.00	256.07	309.05	350.17	316.25	424.15
	IW	37.83	44.28	60.41	79.74	92.64	117.02	136.92	152.59	152.00	226.48
	EA	51.43	62.59	76.59	101.42	134.48	168.75	199.19	217.67	191.73	249.23
	IA	22.94	27.47	39.39	53.14	63.50	77.71	92.46	103.84	99.91	146.41

		2001	2002	2003	2004	2005	2006	2007	2008	2009	2010
行业 10	EW	46.58	58.21	73.45	98.63	132.93	170.98	202.00	247.39	220.80	294.01
	IW	20.74	21.55	26.74	33.38	34.83	40.72	46.16	50.52	46.20	74.72
	EA	31.49	38.15	46.69	60.60	79.01	100.84	119.15	135.15	113.32	152.29
	IA	14.92	15.16	19.06	23.79	24.20	27.77	31.77	36.07	30.91	46.13
行业 11	EW	66.92	73.29	105.17	235.22	307.57	514.88	718.88	920.58	363.59	584.90
	IW	176.92	219.87	337.10	399.28	468.67	489.57	618.76	637.60	673.26	786.11
	EA	33.74	36.59	55.72	123.95	166.74	279.33	373.66	494.66	157.25	262.87
	IA	106.58	122.20	181.52	223.93	272.23	297.80	355.00	388.90	375.58	416.17
行业 12	EW	93.70	115.26	144.36	199.33	262.83	345.39	454.95	557.85	445.06	544.04
	IW	33.35	37.05	52.60	61.97	69.24	82.75	98.70	115.74	107.98	133.18
	EA	62.70	78.45	100.04	138.13	181.20	235.08	303.43	333.10	246.72	309.15
	IA	25.59	27.66	40.87	46.43	52.41	62.42	75.83	90.51	87.67	107.28
行业 13	EW	167.04	212.05	292.76	412.43	539.67	711.80	1086.4	1368.9	1125.8	1462.0
	IW	271.51	341.28	457.13	606.86	599.23	678.46	787.1	912.1	786.9	1126.3
	EA	107.40	139.26	191.58	270.37	340.70	438.49	675.3	800.8	638.7	818.5
	IA	221.86	276.93	381.95	515.74	501.55	572.84	662.8	785.6	694.3	978.9
行业 14	EW	235.72	362.28	625.06	871.01	1107.0	1345.1	1534.1	1638.2	1463.3	1902.2
	IW	126.60	170.94	242.25	296.32	357.9	406.9	440.7	453.7	417.7	548.1
	EA	139.56	213.03	415.55	599.94	771.1	912.7	1029.6	1121.9	1000.5	1262.3
	IA	56.33	64.88	79.77	95.91	108.9	117.9	129.6	113.1	96.2	128.2
行业 15	EW	167.13	199.95	254.26	333.81	419.85	550.19	722.46	888.93	745.51	1024.9
	IW	129.02	158.27	208.15	284.92	322.96	392.62	467.81	516.42	471.86	612.6
	EA	98.50	114.68	144.01	189.14	234.77	304.29	399.91	481.70	386.97	521.3
	IA	83.04	93.94	126.49	175.02	193.20	235.85	278.81	320.33	300.33	369.9
行业 16	EW	310.24	421.88	591.33	902.0	1220.1	1617.0	1927.2	2171.6	1993.3	2568.7
	IW	409.43	548.49	796.35	1090.2	1366.7	1726.9	2000.8	2041.0	1875.4	2426.6
	EA	180.36	242.11	335.56	502.7	651.6	813.0	925.5	1056.1	935.0	1255.0
	IA	247.17	274.49	366.74	473.8	551.9	681.5	774.5	791.6	711.3	908.1

续表

		2001	2002	2003	2004	2005	2006	2007	2008	2009	2010
行业17	EW	95.03	107.70	157.50	216.35	292.57	397.15	567.77	729.39	623.35	920.85
	IW	111.13	130.42	195.22	223.25	229.94	335.60	394.13	451.38	477.83	727.96
	EA	56.27	63.14	95.11	135.83	176.80	226.58	309.96	369.93	281.69	391.94
	IA	104.92	123.70	183.08	210.72	220.51	324.27	381.46	435.05	455.85	703.09
行业18	EW	192.41	194.60	240.95	289.64	361.00	456.69	549.82	682.56	817.29	719.80
	IW	13.49	14.20	16.94	23.12	29.34	32.95	39.81	54.83	59.12	57.51
	EA	136.88	141.78	180.48	217.20	264.61	336.10	401.69	497.67	594.73	518.13
	IA	7.86	8.35	9.19	13.01	15.99	16.92	20.28	26.30	29.60	28.24

注：EW 与 IW 分别为各行业当年向世界的出口总量以及从世界的进口总量，EA 与 IA 分别为各行业当年向 Annex I 国家的出口总量与从 Annex I 国家的进口总量。

资料来源：OECD 数据库。

附表 5-3　　2000—2010 年中国各行业能源消耗情况一览表　　（万吨）

		煤炭	焦炭	原油	汽油	煤油	柴油	燃料油	天然气
2000 年	行业 1	1647.68	144.18	—	184.51	1.5	1310.14	0.4	—
	行业 2	8147.23	153.27	3196.35	106.59	7.44	270.13	209.96	73.02
	行业 3	2650.53	33.61	1.42	82.12	0.49	68.25	33.44	0.33
	行业 4	1488.79	7.28	0.21	47.04	4.37	71.99	82.55	1.11
	行业 5	248.77	2.4	—	6.75	0.12	8.9	3.49	—
	行业 6	1777.6	3.38	0.58	20.28	10.58	41.09	23.06	0.38
	行业 7	7709.57	62.96	15305.82	14.7	18.06	69.18	510.63	13.42
	行业 8	8965.01	1081.78	2404.5	57.87	9.3	131.6	467.89	90.99
	行业 9	380.78	8.5	0.45	20.67	0.49	47.13	23.21	0.1
	行业 10	9939.58	298.13	53.54	45.66	2.43	298.33	314.36	2.5
	行业 11	12323.37	7928.61	11.05	41.06	5.96	110.04	387.44	2.21
	行业 12	214.5	120.31	0.03	18.02	1.68	37.15	12.93	0.6
	行业 13	645.24	269.31	0.38	51.13	4.61	43.92	18.61	1.51

续表

		煤炭	焦炭	原油	汽油	煤油	柴油	燃料油	天然气
	行业 14	28.97	4	—	3	0.15	9.69	0.15	0.02
	行业 15	174.73	10.42	0.5	16.02	0.25	24.12	12.67	0.8
	行业 16	65.81	0.3	—	8	0.18	35.26	12.57	3.41
	行业 17	649.13	30.81	0.06	20.03	6.3	47.81	14.22	1.71
	行业 18	261.08	28.69	0.6	14.3	11.07	19.56	11.24	1.74
2000 年	行业 19	56059.33	36.78	76.58	28.74	0.46	262.33	836.66	8.17
	行业 20	536.82	18.98	3.3	115.56	4	195.86	16.71	0.82
	行业 21	1139.94	11.24	175.02	1387.79	536.4	2543.81	850	5.81
	行业 22	814.64	35.71	0.18	209.84	12	255.94	11.59	3.44
	行业 23	761.2	12.15	1.4	877.67	160.09	803.7	19	0.64
	行业 24	7907.1	137.2	—	127.58	72.17	68.36	—	32.32
	行业 1	1599.64	139.23	—	190.6	1.52	1375.64	0.42	—
	行业 2	1557.76	102.2	3203.65	56.91	2.09	218.67	241.48	79.48
	行业 3	2759.24	35.61	1.35	84.02	0.53	61.88	28.72	0.35
	行业 4	1521.38	7.48	0.23	50.13	4.47	76.25	82.17	1.07
	行业 5	251.96	2.47	—	7.57	0.14	9.5	3.72	—
	行业 6	1757.26	3.53	0.62	21.1	10.84	54.13	25.13	0.35
	行业 7	8443.96	63.33	15383.52	15.46	18.47	71.13	644.79	15.29
	行业 8	8441.5	1084.05	2434.62	64	9.51	135.19	452.02	96.17
2001 年	行业 9	398.55	9.23	0.41	19.39	0.51	50.51	24.24	0.09
	行业 10	9099.44	315.15	53.22	47.38	2.49	296.18	323.82	2.8
	行业 11	12023.97	8433.08	10.42	42.07	6.1	115.36	369.55	2.2
	行业 12	223.35	131.09	0.03	21.52	1.72	40.89	11.8	0.75
	行业 13	649.78	276.07	0.38	50.57	4.73	36.97	17.12	1.77
	行业 14	25.6	5.1	—	3.3	0.17	10.1	0.12	0.03
	行业 15	171.36	12.05	0.45	17.52	0.26	24.2	13.06	0.7
	行业 16	60.21	0.35	—	9.35	0.17	41.82	14.79	3.98
	行业 17	674.6	38.89	0.07	18.7	6.45	51.09	13.54	2.05

续表

		煤炭	焦炭	原油	汽油	煤油	柴油	燃料油	天然气
	行业 18	218.17	31.33	0.54	15.45	11.36	20.4	7.05	1.49
	行业 19	58457.19	39.71	76.27	28.41	0.49	272.46	841.71	9.24
	行业 20	537.98	23.91	3.27	116.7	3.5	223.08	16.18	0.72
2001 年	行业 21	1050.88	11.68	169.81	1419.37	560.69	2671.01	855	5.96
	行业 22	809.87	39.73	0.15	214.04	12.47	268.07	12.28	5
	行业 23	774.73	12.08	1.2	904.3	151.09	853.89	17.02	0.7
	行业 24	7830.25	134.2	—	134.6	75	79.17	—	44.11
	行业 1	1599.64	139.23	—	190.6	1.52	1375.64	0.42	—
	行业 2	1557.76	102.2	3203.65	56.91	2.09	218.67	241.48	79.48
	行业 3	2605.33	32.79	1.32	82.84	0.54	69.3	27.04	0.39
	行业 4	1437.62	8.24	0.17	48.31	5	73.34	83.18	0.81
	行业 5	243.13	2.69	—	6.87	0.15	9.38	3.78	—
	行业 6	1804.34	3.69	0.59	25.02	10.09	53.3	24.64	0.37
	行业 7	9843.29	67.69	16317.92	15.98	17.00	76.51	479.59	15.30
	行业 8	8734.36	1195.31	2523.35	69.32	10.72	142.7	462.74	103
	行业 9	355.88	7.5	0.56	19.97	0.54	47.89	21.57	0.1
2002 年	行业 10	8868.88	371.71	49.61	55.70	1.72	301.64	339.18	3.50
	行业 11	13152.47	9552.9	14.47	42.24	7.09	123.91	332.41	2.96
	行业 12	217.27	152.57	0.04	19.78	2.17	43.63	12.76	0.82
	行业 13	597.17	296.83	0.34	49.62	4.71	43.01	18.2	2.44
	行业 14	24.77	5.68	—	3.03	0.33	11.46	0.14	0.03
	行业 15	159.39	10.46	0.50	18.19	0.32	27.44	12.19	1.02
	行业 16	57.73	0.49	—	9.70	0.25	60.94	15.49	4.83
	行业 17	679.60	43.37	0.05	19.79	6.64	42.20	11.93	1.79
	行业 18	215.13	28.08	0.44	13.43	11.39	23.81	6.62	1.31
	行业 19	66277.87	32.06	69.27	28.25	0.54	264.60	901.96	8.88
	行业 20	553.54	23.38	4.20	122.32	0.00	251.99	19.10	0.68

续表

		煤炭	焦炭	原油	汽油	煤油	柴油	燃料油	天然气
2002 年	行业 21	1054.95	11.44	177.94	1503.00	616.74	2964.80	872.10	6.37
	行业 22	809.08	42.60	0.12	224.22	13.00	280.79	12.30	6.10
	行业 23	767.06	12.34	1.29	916.29	140.00	870.00	19.10	0.00
	行业 24	7602.64	135.12	0.00	163.80	60.70	83.92	0.00	51.16
2003 年	行业 1	1683.33	140.98	—	195.00	1.35	1484.40	0.60	—
	行业 2	2263.67	113.98	3908.36	71.35	1.73	259.76	201.41	81.30
	行业 3	2753.76	31.03	1.35	64.69	0.65	67.70	29.40	—
	行业 4	1609.46	6.98	0.40	38.66	4.39	78.92	68.39	0.93
	行业 5	297.11	3.21	—	7.46	0.21	11.00	3.74	—
	行业 6	1913.03	3.40	0.63	27.49	9.53	59.73	25.17	—
	行业 7	12497.00	84.42	18008.32	22.15	16.79	88.46	535.81	—
	行业 8	9879.47	1156.54	2715.31	60.30	10.09	147.52	474.20	—
	行业 9	403.22	3.43	1.00	18.45	0.67	51.37	24.89	—
	行业 10	11075.01	284.94	55.80	57.74	1.52	292.03	383.63	0.00
	行业 11	16121.40	11845.23	9.39	47.63	4.14	147.45	357.05	—
	行业 12	202.44	127.00	—	21.47	2.40	44.24	9.64	1.00
	行业 13	686.31	299.39	0.27	51.64	7.35	53.18	22.10	2.43
	行业 14	31.48	7.48	—	6.24	0.42	17.18	0.10	—
	行业 15	155.57	15.82	0.53	22.59	0.49	31.07	14.36	1.27
	行业 16	66.64	—	—	11.48	0.30	50.14	19.90	5.62
	行业 17	668.48	52.48	0.27	21.00	7.18	48.20	12.86	1.89
	行业 18	300.60	30.00	0.40	5.63	12.85	20.42	5.56	1.00
	行业 19	79273.45	41.51	64.92	29.67	0.53	312.08	1048.56	11.52
	行业 20	577.15	20.79	4.00	123.66	—	276.23	17.80	0.70
	行业 21	1067.33	10.79	148.31	1861.64	621.68	3485.20	940.29	6.82
	行业 22	860.42	47.46	0.09	238.09	11.24	355.53	13.00	6.85
	行业 23	800.62	11.39	1.20	837.00	143.19	890.00	12.08	—
	行业 24	8174.71	122.50	—	198.75	56.38	87.89	—	56.89

续表

		煤炭	焦炭	原油	汽油	煤油	柴油	燃料油	天然气
2004 年	行业 1	2251.19	98.69	—	220.13	1.08	1774.30	0.66	—
	行业 2	1007.19	83.21	1313.74	53.02	2.43	282.15	38.50	75.93
	行业 3	2659.27	11.06	0.77	32.85	1.23	83.68	37.48	2.53
	行业 4	2246.96	3.41	0.74	33.26	3.12	104.06	89.04	0.62
	行业 5	378.94	2.58	0.14	5.71	1.60	14.94	2.51	0.11
	行业 6	2766.77	10.12	0.45	18.10	2.00	48.73	30.72	0.57
	行业 7	15792.68	66.05	25480.02	25.10	2.06	90.92	561.53	19.16
	行业 8	11278.90	1167.58	1806.15	54.13	9.72	151.97	438.02	131.55
	行业 9	579.85	4.66	0.82	24.55	1.01	55.51	33.78	0.78
	行业 10	16304.84	203.74	11.62	34.41	3.06	231.84	481.04	19.56
	行业 11	18302.61	14856.68	0.55	29.19	4.24	145.25	285.38	10.46
	行业 12	269.45	73.03	0.10	19.92	2.61	52.72	13.75	0.80
	行业 13	790.95	313.50	0.33	54.03	8.72	97.43	20.95	3.29
	行业 14	20.54	2.09	0.06	5.35	1.13	8.96	0.18	0.06
	行业 15	149.70	14.87	0.16	20.69	1.60	51.22	12.57	0.90
	行业 16	137.62	0.78	0.45	10.41	0.82	44.55	26.85	4.68
	行业 17	802.90	59.03	0.10	28.46	10.16	70.68	10.52	3.65
	行业 18	615.33	5.93	0.02	7.74	0.75	15.86	5.54	0.03
	行业 19	95665.95	56.13	9.26	32.70	0.26	389.29	1475.90	17.81
	行业 20	601.53	16.79	—	156.49	—	333.13	21.36	1.39
	行业 21	832.12	1.79	123.82	2308.46	819.71	4182.24	1150.44	11.16
	行业 22	871.79	53.36	—	279.80	3.63	418.99	24.98	9.18
	行业 23	730.97	10.09	—	936.94	148.19	1068.00	15.63	14.14
	行业 24	8173.20	105.16	—	286.54	27.36	113.67	—	67.22
2005 年	行业 1	2315.24	63.47	—	227.99	1.60	1837.64	0.66	—
	行业 2	1117.31	106.28	1386.75	38.98	3.14	314.16	33.87	83.52
	行业 3	2757.61	14.01	0.67	29.55	1.30	102.05	45.01	2.53
	行业 4	2416.72	4.35	0.48	31.69	3.12	92.04	63.22	0.74

		煤炭	焦炭	原油	汽油	煤油	柴油	燃料油	天然气
2005 年	行业 5	374.53	2.67	0.15	7.80	1.33	20.60	2.90	0.16
	行业 6	3080.66	7.58	0.60	19.23	2.00	47.01	32.95	0.76
	行业 7	18919.09	72.76	26021.27	21.82	2.06	54.60	391.78	19.52
	行业 8	12542.68	1469.10	2523.70	52.87	7.11	162.84	360.31	155.81
	行业 9	586.79	4.12	0.90	22.05	1.01	51.72	36.00	0.98
	行业 10	16764.28	195.59	14.17	25.12	3.06	268.70	527.61	26.04
	行业 11	21424.80	19381.90	0.44	28.55	4.24	153.88	277.11	14.91
	行业 12	273.28	73.56	0.06	17.92	2.64	55.57	17.64	0.75
	行业 13	797.10	392.47	0.26	43.96	7.49	88.86	16.39	4.94
	行业 14	19.76	2.58	0.05	3.61	1.13	9.34	0.20	0.09
	行业 15	137.82	15.73	0.26	21.56	1.60	51.86	13.91	1.35
	行业 16	132.29	0.64	0.40	11.03	0.82	51.43	28.37	5.22
	行业 17	730.35	88.19	0.15	36.50	11.08	72.60	11.65	5.37
	行业 18	504.34	5.75	0.01	7.51	0.75	13.45	3.72	0.04
	行业 19	106767.83	64.55	9.04	26.69	0.36	412.23	1156.88	26.60
	行业 20	603.56	18.38	—	172.14	—	386.64	14.18	1.49
	行业 21	815.34	1.07	126.87	2470.05	882.42	5019.41	1161.02	16.43
	行业 22	874.39	64.08	—	299.39	3.67	486.03	27.52	10.79
	行业 23	765.88	7.59	—	918.20	106.19	1015.06	13.91	17.20
	行业 24	8738.97	90.33	—	303.83	25.46	136.40	—	79.43
2006 年	行业 1	2309.64	79.61	0.00	239.64	1.54	1965.04	0.69	0.00
	行业 2	1070.90	128.91	1171.41	39.84	2.79	300.25	37.28	82.69
	行业 3	2775.45	14.61	0.64	29.90	1.15	95.57	45.59	2.62
	行业 4	2591.25	5.04	0.46	32.04	2.77	88.69	68.40	0.74
	行业 5	379.67	3.03	0.14	7.80	1.18	19.97	2.80	0.19
	行业 6	3385.40	8.14	0.58	19.37	1.77	44.99	36.97	0.89
	行业 7	22677.70	91.45	28726.34	21.80	1.85	50.89	415.20	22.55

续表

		煤炭	焦炭	原油	汽油	煤油	柴油	燃料油	天然气
	行业8	12996.46	2058.17	2153.24	54.30	5.48	157.73	433.75	195.52
	行业9	587.24	4.69	0.89	22.37	0.88	48.59	40.29	1.09
	行业10	16827.37	234.71	14.57	25.12	2.75	258.91	605.52	26.04
	行业11	23600.84	23870.19	0.44	30.20	3.78	146.69	267.79	17.28
	行业12	264.23	86.44	0.06	18.21	2.35	53.25	18.36	0.89
	行业13	820.50	589.02	0.26	44.51	6.66	83.99	15.25	5.82
	行业14	19.76	3.03	0.05	3.60	0.99	9.40	0.22	0.11
	行业15	138.17	17.30	0.26	21.85	1.40	48.90	15.27	1.55
2006年	行业16	138.17	17.30	0.26	21.85	1.40	48.90	15.27	1.55
	行业17	730.39	105.83	0.15	37.23	7.76	68.88	12.23	6.17
	行业18	488.43	6.03	0.01	7.15	0.62	13.07	3.49	0.05
	行业19	121693.57	36.11	11.65	26.01	0.29	358.18	979.21	39.64
	行业20	582.00	18.50	0.00	180.75	0.00	428.66	16.34	1.66
	行业21	724.80	0.85	163.66	2722.35	1000.54	5747.32	1280.60	17.24
	行业22	891.46	65.39	0.00	323.34	3.77	529.77	21.44	13.16
	行业23	782.90	8.30	0.00	964.11	47.97	1032.96	13.14	12.77
	行业24	8386.34	90.45	0.00	343.04	22.73	170.59	0.00	102.62
	行业1	2337.80	81.76	—	246.83	0.94	1875.34	1.00	—
	行业2	1141.86	141.80	1203.93	48.85	2.59	269.22	36.25	91.15
	行业3	2937.78	16.07	0.64	35.87	1.08	86.43	44.86	2.91
	行业4	2691.82	5.51	0.48	39.29	2.59	79.18	68.24	0.89
	行业5	386.19	3.33	0.17	9.56	1.11	18.77	2.80	0.22
2007年	行业6	3431.99	10.60	0.60	22.33	1.67	39.65	37.21	1.03
	行业7	25655.94	97.82	30309.24	26.73	1.73	45.75	395.54	26.52
	行业8	13684.26	2282.20	2327.12	62.59	5.04	143.63	429.81	225.32
	行业9	596.62	5.17	0.83	27.53	0.74	43.45	39.94	1.26
	行业10	17105.39	258.18	14.66	34.57	2.58	233.22	605.70	31.25
	行业11	25138.66	26258.29	0.41	37.02	3.55	132.36	263.28	20.00

		煤炭	焦炭	原油	汽油	煤油	柴油	燃料油	天然气
2007 年	行业 12	264.99	95.08	—	26.02	2.21	47.94	17.16	1.03
	行业 13	811.67	647.93	0.32	59.85	6.20	75.66	15.14	7.00
	行业 14	19.81	3.33	0.04	5.10	0.93	8.31	0.22	0.13
	行业 15	138.90	18.68	0.24	25.41	1.31	43.90	15.04	1.79
	行业 16	125.55	0.79	0.40	14.67	0.75	45.53	32.17	6.66
	行业 17	741.55	116.41	0.11	45.21	7.57	61.99	12.21	7.15
	行业 18	457.24	6.63	—	6.53	0.55	11.90	3.49	0.06
	行业 19	133424.27	39.16	8.67	27.30	0.31	279.04	609.29	80.13
	行业 20	565.33	17.48	—	198.82	—	433.82	15.74	2.09
	行业 21	685.45	0.55	163.66	2763.19	1129.98	6794.36	1389.95	16.89
	行业 22	868.27	71.00	—	351.73	4.90	603.94	24.78	17.11
	行业 23	811.43	7.23	—	949.67	43.17	857.48	11.83	16.09
	行业 24	8100.61	76.40	—	434.40	19.48	205.32	—	133.39
2008 年	行业 1	1522.57	53.14	—	160.44	1.26	1098.87	1.50	—
	行业 2	1183.76	126.07	1294.56	43.37	2.51	432.43	42.69	104.54
	行业 3	3664.87	23.00	0.79	37.47	1.17	116.68	38.70	3.97
	行业 4	2844.07	8.74	0.59	41.11	2.11	109.79	54.11	1.75
	行业 5	473.46	3.65	0.22	11.92	0.63	30.61	2.28	0.61
	行业 6	3917.82	11.28	0.70	24.37	1.61	72.00	28.38	1.57
	行业 7	26437.72	103.48	31204.73	20.05	2.08	59.26	320.27	26.03
	行业 8	16536.61	2268.85	2800.06	65.12	4.59	222.87	325.14	202.32
	行业 9	770.79	6.88	0.92	30.87	1.19	60.52	31.98	1.62
	行业 10	23049.05	305.49	17.78	38.03	2.32	329.57	515.13	43.75
	行业 11	27427.57	25975.85	0.53	31.71	4.43	200.34	196.81	23.14
	行业 12	342.56	90.83	0.11	29.38	2.65	74.89	15.44	2.06
	行业 13	984.39	565.08	0.39	62.11	7.30	112.29	16.59	10.58
	行业 14	26.55	3.77	0.04	5.15	1.39	13.49	0.20	0.25

续表

		煤炭	焦炭	原油	汽油	煤油	柴油	燃料油	天然气
2008 年	行业 15	179.34	25.78	0.29	26.68	1.58	69.40	12.04	2.33
	行业 16	185.11	0.87	0.49	16.13	0.86	76.22	30.44	6.26
	行业 17	835.57	139.70	0.14	46.46	9.05	118.85	14.23	11.62
	行业 18	501.33	5.22	—	6.22	0.49	21.87	3.18	0.05
	行业 19	137896.33	36.35	10.23	27.60	0.25	302.46	385.44	84.01
	行业 20	603.18	10.70	—	196.19	9.67	370.79	37.70	0.99
	行业 21	665.41	0.29	165.66	3090.43	1174.59	7649.31	1142.77	71.55
	行业 22	1791.39	7.54	—	135.28	20.82	152.72	6.25	17.75
	行业 23	1791.56	6.93	—	1121.93	25.90	1151.80	9.46	20.92
	行业 24	9147.61	64.93	—	855.14	12.68	592.08	—	170.12
2009 年	行业 1	1582.11	44.59	—	168.06	0.76	1134.15	1.05	—
	行业 2	1482.70	110.78	1078.98	44.25	1.74	389.93	30.23	118.24
	行业 3	3624.18	18.63	0.30	58.28	0.62	102.55	38.40	4.90
	行业 4	2738.38	5.81	0.56	52.65	1.00	93.78	39.04	1.66
	行业 5	471.37	3.46	0.28	15.78	0.33	27.85	0.76	0.78
	行业 6	4063.38	9.97	0.40	26.03	0.76	60.56	23.16	1.69
	行业 7	27204.87	97.16	34047.74	39.81	1.24	72.24	263.66	26.72
	行业 8	16445.10	2112.13	2831.86	63.48	3.87	227.99	244.18	179.48
	行业 9	821.19	6.32	0.42	29.30	0.31	54.39	26.41	2.05
	行业 10	23753.51	384.65	8.89	36.95	1.23	317.08	411.12	44.62
	行业 11	29639.88	27868.29	0.65	25.66	3.04	177.26	137.09	25.54
	行业 12	334.90	98.22	0.18	31.13	1.64	73.24	14.67	2.47
	行业 13	1002.25	764.38	0.11	78.78	4.41	111.06	17.25	10.73
	行业 14	25.16	8.32	0.01	6.85	0.69	12.56	0.18	0.36
	行业 15	383.11	23.21	0.12	35.60	0.50	68.65	9.63	3.03
	行业 16	184.68	1.74	0.25	19.25	0.22	69.75	27.34	4.88
	行业 17	845.85	163.67	0.10	42.74	7.16	105.66	12.75	12.18

续表

		煤炭	焦炭	原油	汽油	煤油	柴油	燃料油	天然气
2009 年	行业 18	468.03	6.06	0.02	8.87	0.26	22.23	2.85	—
	行业 19	146154.67	32.24	4.30	34.45	0.12	253.34	217.98	133.82
	行业 20	635.59	5.68	—	235.43	10.39	415.29	34.18	0.97
	行业 21	640.89	0.14	153.42	2881.59	1314.25	7891.96	1250.64	91.07
	行业 22	1977.89	3.94	—	147.52	29.15	181.74	8.11	23.96
	行业 23	1986.14	3.47	—	1069.93	33.67	1131.80	12.30	23.64
	行业 24	9121.95	48.84	—	999.08	19.15	652.91	—	177.67
2010 年	行业 1	1711.10	46.82	—	169.07	0.90	1206.73	1.14	0.50
	行业 2	1494.67	154.92	1020.29	46.21	1.88	359.12	35.01	133.40
	行业 3	3783.05	13.19	0.12	64.94	2.78	107.66	32.87	5.96
	行业 4	2926.92	9.08	0.1	53.19	0.99	92.67	33.63	2.02
	行业 5	466.43	3.29	0.23	17.52	0.25	32.59	0.83	0.66
	行业 6	4344.05	6.28	0.19	23.73	0.43	58.39	23.36	2.58
	行业 7	29780.84	93.45	38624.99	36.18	5.64	26.53	1033.02	40.04
	行业 8	16009.33	1747.76	3062.52	61.91	5.37	187.79	536.49	190.64
	行业 9	886.06	6.97	0.12	34.02	0.37	66.87	22.83	2.6
	行业 10	23508.83	385.72	2.45	37.47	1.16	289.94	353.57	42.72
	行业 11	33936.52	30040.45	1.04	23.75	2.25	163.86	121.02	29.48
	行业 12	316.00	75.56	0.12	32.95	1.40	66.29	12.47	3.63
	行业 13	1060.68	782.67	0.15	83.54	5.11	122.28	11.5	12.61
	行业 14	25.46	5.73	—	7.26	0.61	14.22	0.40	0.54
	行业 15	253.54	26.63	0.15	36.48	0.66	71.92	7.81	4.63
	行业 16	185.11	2.61	0.27	20.31	0.36	71.22	13.67	6.27
	行业 17	853.95	168.87	0.17	49.21	10.18	110.55	12.50	12.97
	行业 18	484.73	12.76	—	8.46	0.13	18.55	4.18	0.35
	行业 19	152571.52	22.70	3.64	32.22	0.04	162.11	119.84	192.35
	行业 20	718.91	5.81	—	274.70	8.77	490.20	30.76	1.16

续表

		煤炭	焦炭	原油	汽油	煤油	柴油	燃料油	天然气
2010 年	行业 21	639.23	0.12	158.00	3204.93	1601.08	8518.56	1326.65	106.70
	行业 22	1969.87	5.10	—	168.18	34.98	196.60	8.62	27.24
	行业 23	2006.59	2.77	—	1166.22	38.73	1287.19	13.53	26.00
	行业 24	9159.17	43.49	—	1213.65	19.41	770.73	—	226.90

注：1. "—"表示该项当年没有统计。

　　2. 天然气的计量单位为亿立方米。

资料来源：历年中国统计年鉴。

附表 5 - 4　　　　　　　17 个工业行业历年工业增加值一览表

	2001	2002	2003	2004	2005	2006	2007	2008	2009	2010
行业 2	3112.3	3291.4	4029.3	6845.2	8839.5	11219.5	13569.8	15319.2	16748.3	18278.1
行业 3	3132.2	3735.0	4503.0	6038.6	7139.0	8778.2	11306.5	12979.2	14722.4	16815.4
行业 4	2467.4	2773.1	3414.6	4690.6	5604.4	6969.6	8659.4	9642.1	10510.7	11914.2
行业 5	310.5	353.3	448.7	721.1	895.7	1186.7	1677.1	1985.9	2272.0	2759.4
行业 6	898.7	1054.9	1265.8	1679.8	1989.2	2409.1	2989.6	3392.4	3719.7	4292.2
行业 7	883.3	1003.9	1287.5	1646.8	1981.6	2314.2	3097.0	3230.2	3398.1	3724.3
行业 8	2545.8	2946.2	3784.9	5237.4	6407.0	7811.1	10436.5	11579.3	13238.8	15241.5
行业 9	793.3	939.4	1133.2	1581.0	1867.4	2383.8	3096.1	3498.5	3923.5	4623.9
行业 10	1211.9	1365.2	1749.1	2394.6	2807.9	3656.2	4849.2	5668.7	6502.0	7821.9
行业 11	2121.3	2425.6	3726.2	6015.2	7706.6	10202.5	13484.8	14774.1	16382.5	18373.7
行业 12	713.3	841.2	971.0	1432.9	1693.2	2225.7	3010.4	3462.0	3808.2	4531.7
行业 13	1608.5	1934.8	2598.6	3819.6	4648.5	6095.6	8174.9	9666.9	10804.2	13102.7
行业 14	237.9	268.5	445.0	603.7	733.2	967.9	1163.3	1311.0	1337.2	1599.3
行业 15	1378.4	1584.7	2023.5	2950.1	3574.1	4618.0	6053.8	7149.5	8007.5	9504.9
行业 16	2035.0	2520.9	3482.5	4702.3	5722.1	7084.3	7924.6	8875.5	9345.9	10925.4

	2001	2002	2003	2004	2005	2006	2007	2008	2009	2010
行业 17	1633.7	2177.2	2897.0	3459.5	3830.5	4933.4	6974.5	8034.6	9513.0	11643.9
行业 18	82.4	220.4	358.4	496.4	630.8	800.4	1079.7	1214.8	1333.9	1589.5

注：由于中国统计年鉴没有对 2004 年以及 2008—2010 年的工业增加值进行统计，2004 年工业各行业增加值采用线性拟合的方式进行插值，2008 年各行业的工业增加值利用 2007 年各行业工业增加值乘以 2008 年 12 月份工业分大类行业增加值累计增长速度得出，工业分大类行业增加值增长速度来源于国家统计局网站，按照同样的方法得出 2009 年与 2010 年各工业行业的增加值。

资料来源：历年中国统计年鉴。

参考文献

［1］陈红蕾、陈秋锋：《“污染避难所”假说及其在中国的检验》，《暨南大学学报》2006 年第 4 期。

［2］陈强：《高级计量经济学及 Stata 应用》，高等教育出版社 2010 年版。

［3］陈诗一：《能源消耗、二氧化碳排放与中国工业的可持续发展》，《经济研究》2009 年第 4 期。

［4］陈迎、潘家华、谢来辉：《中国外贸进出口商品中的内涵能源及其政策含义》，《经济研究》2008 年第 7 期。

［5］董承章：《投入产出分析》，中国财政经济出版社 2000 年版。

［6］东艳：《全球气候变化博弈中的碳边界调节措施研究》，《世界经济与政治》2010 年第 7 期。

［7］傅京燕、张珊珊：《中美贸易与污染避难所假说的实证研究》，《中国人口·资源与环境》2011 年第 2 期。

［8］符淼、黄灼明：《我国经济发展阶段和环境污染的库兹涅茨关系》，《中国工业经济》2008 年第 6 期。

［9］符淼：《我国环境库兹涅茨曲线：形态、拐点和影响因素》，《数量经济技术经济研究》2008 年第 11 期。

［10］高静、黄繁华：《贸易视角下经济增长和环境质量的内在机理研究——基于中国 30 个省市环境库兹涅茨曲线的面板数据分析》，《上海财经大学学报》2011 年第 10 期。

［11］李斌、彭星：《中国对外贸易影响环境的碳排放效应研究——引入全球价值链视角的实证分析》，《经济与管理研究》2011 年第 7 期。

［12］李锴、齐绍洲：《贸易开放、经济增长与中国二氧化碳排放》，《经济研究》2011 年第 11 期。

［13］李小平、卢现祥：《国际贸易、污染产业转移和中国工业 CO_2 排放》，《经济研究》2010 年第 1 期。

［14］刘强、庄辛、姜克隽、韩文科：《中国出口贸易中的载能量及碳排放量分析》，《中国工业经济》2008 年第 8 期。

［15］齐晔、李惠民、徐明：《中国进出口贸易中的隐含碳估算》，《中国人口·资源与环境》2008 年第 3 期。

［16］任力、黄崇杰：《中国对外贸易与碳排放——基于面板数据的分析》，《经济学家》2011 年第 3 期。

［17］沈可挺：《碳关税争端及其对中国制造业的影响》，《中国工业经济》2010 年第 1 期。

［18］宋涛、郑挺国、佟连军：《环境污染与经济增长之间关联性的理论分析与计量检验》，《地理科学》2007 年第 4 期。

［19］孙小羽、臧新：《中国出口贸易的能耗效应和环境效应的实证分析》，《数量经济技术经济研究》2009 年第 4 期。

［20］唐杰英：《产业转移、国际贸易和 CO_2 排放——来自我国工业的实证分析》，《国际贸易问题》2012 年第 9 期。

［21］陶长琪、宋兴达：《我国 CO_2 排放、能源消耗、经济增长和外贸依存度之间的关系》，《南方经济》2010 年第 10 期。

［22］王军：《理解污染避难所假说》，《世界经济研究》2008 年第 1 期。

［23］席艳乐、孙小军、王书飞：《气候变化与国际贸易关系研究评述》，《经济学动态》2011 年第 10 期。

［24］谢来辉：《欧盟应对气候变化的边境调节税：新的贸易壁垒》，《国际贸易问题》2008 年第 2 期。

［25］邢佰英：《美国碳交易经验及启示——基于加州总量控制与交易体系》，《宏观经济管理》2012 年第 9 期。

［26］许广月、宋德勇：《中国碳排放环境库兹涅茨曲线的实证研究——基于省域面板数据》，《中国工业经济》2010 年第 5 期。

［27］杨万平、袁晓玲：《对外贸易、FDI 对环境污染的影响分析——

基于中国时间序列的脉冲响应函数分析：1982—2006》，《世界经济研究》2008 年第 12 期。

[28] 魏本勇、方修琦等：《基于投入产出分析的中国国际贸易碳排放研究》，《北京师范大学学报》（自然科学版）2009 年第 8 期。

[29] 魏涛远、格罗姆斯洛德：《征收碳税对中国经济与温室气体排放的影响》，《世界经济与政治》2002 年第 8 期。

[30] 吴献金、邓杰：《贸易自由化、经济增长对碳排放的影响》，《中国人口·资源与环境》2011 年第 1 期。

[31] 闫云凤、杨来科：《金融危机下我国出口贸易向低碳经济转型》，《当代财经》2010 年第 1 期。

[32] 曾贤刚：《环境规制、外商直接投资与"污染避难所"假说》，《经济理论与经济管理》2010 年第 11 期。

[33] 赵玉焕、范静文、易瑾超：《中国—欧盟碳泄漏问题实证研究》，《中国人口·资源与环境》2011 年第 8 期。

[34] 张成：《内资和外资：谁更有利于环境保护——来自我国工业部门面板数据的经验分析》，《国际贸易问题》2011 年第 2 期。

[35] 张晓平：《中国对外贸易产生的 CO_2 排放区位转移分析》，《地理学报》2009 年第 2 期。

[36] 周念利：《出口贸易可持续发展：理论内涵、评价模型及经验研究》，《中国人口资源与环境》2007 年第 6 期。

[37] 朱永彬、刘晓、王铮：《碳税政策的减排效果及其对我国经济的影响分析》，《中国软科学》2010 年第 4 期。

[38] Andreoni, J. , Levinson, A. , "The Simple Analytics of the Environmental Kuznets Curve. " Journal of Public Economics, Vol. 80, No. 2, January 2001.

[39] Antweiler, W. , Copeland, B. R. , Taylor M. S. , "Is Free Trade Good for the Environment? " American Economic Review, Vol. 91, No. 4, September 2001.

[40] Arrhenius, S. , "On the Influence of Carbonic Acid in the Air upon the Temperature of the Ground. " London, Edinburgh, and Dublin Philosophical Magazine and Journal of Science, Vol. 41, No. 4, 1896.

[41] Babiker, M H. , "Climate Change Policy, Market Structure, and Carbon Leakage. " Journal of International Economics, Vol. 65, No. 2, March 2005.

[42] Barbiker, M. H. , Rutherford, T. F. , "The Economic Effects of Border Measures in Subglobal Climate Agreements. " The Energy Journal, Vol. 26, No. 4, October 2005.

[43] Barret, S. , Graddy, K. , "Freedom, Growth, and the Environment. " Environment and Development Economics, Vol. 5, No. 4, 2000.

[44] Baumol, W. J. , Oates, W. E. , *The Theory of Environmental Policy*. Cambridge: Cambridge University Press, 1988.

[45] Biermann, F, Brohm, R. , "Implementing the Kyoto Protocol without the USA: the Strategic Role of Energy Tax Adjustments at the border. " Climate Policy, Vol. 4, No. 3, 2005.

[46] Breusch, T, Pagan, A. , "The LM Test and Its Applications to Model Specification in Econometrics. " Review of Economic Studies, Vol. 47, 1980.

[47] Brown, D. K. , Alan V. D. , Robert M. S. , "A North American Free Trade Agreement: Analytical Issues and a Computational Assessment. " The World Economy, Vol. 15, No. 1, 1992.

[48] Chichilnisky, G. , "North – South Trade and the Global Environment. " American Economic Review, Vol. 84, No. 4, September 1994.

[49] Cole, M. A. , "Trade, the pollution haven hypothesis and the environmental Kuznets curve: examining the linkages. " Ecological Economics, Vol. 48, No. 1, January 2004.

[50] Cole, M. A. , Elliot J. R. , "Factor Endowments or Environmental Regulations? Determining the Trade – Environment Composition Effect. " Journal of Environmental Economics and Management, Vol. 46, No. 3, 2003.

[51] Cole, M. A. , Elliot, J. R. , Shimamoto, K. , "Why the Grass Is Not Always Greener: The Competing Effects of Environmental Regulations and Factor Intensities on US Specialization. " Ecological Economics,

Vol. 54, February 2005.

[52] Cole, M. A., Rayner, A. J., "The Uruguay Round and Air Pollution: Estimating the Composition, Scale and Technique Effects of Trade Liberalization." Journal of International Economic Development, Vol. 9, No. 3, August 2000.

[53] Copeland B. R., Taylor M. S., "North – South Trade and the Environment." Quarterly Journal of Economics, Vol. 109, No. 3, August 1994.

[54] Copeland, B. R., Taylor M. S., "Trade and Transboundary Pollution." American Economic Review, Vol. 85, No. 4, February 1995.

[55] Copeland B. R., Taylor M. S., *Trade and the Environment: Theory and Evidence*, Princeton: Princeton University Press, 2003.

[56] Copeland B. R., Taylor M. S. "Trade, Growth, and the Environment." Journal of Economic Literature, Vol. 42, No. 1, March 2004.

[57] Copeland B. R., Taylor M. S. "Free trade and global warming: a trade theory view of the Kyoto protocol." Journal of Environmental Economics and Management, Vol. 49, No. 2, March 2005.

[58] Damania, R., Fredrikson, P. G., List, J. A., "Trade Liberalization, Corruption, and Environmental Policy Formation: Theory and Evidence." Journal of Environmental Economics and Management, Vol. 46, No. 3, 2003.

[59] Deacon, R. T., Bernardo, M., "Political Economy and Natural Resource Use." UC Santa Barbara: Department of Economics Working Paper. 2004.

[60] Dean, J. M., "Does Trade Liberalization Harm the Environment? A New Test." The Canadian Journal of Economics, Vol. 35, No. 4, November 2002.

[61] Di Maria, C., Smulders, S. A., "Trade Pessimists vs Technology Optimists: Imduced Technical Change and Pollution Havens." Advance in Economic Analysis and Policy, Vol. 4, No. 2, 2004.

[62] Ederington, J., Levinson, A., Minier, J., "Trade Liberalization

and Pollution Havens. " Advances in Economic Analysis and Policy, Vol. 4, No. 2, February 2004.

[63] Elbers, C. , Withagen, C. , "Environmental Policy, Population Dynamics and Agglomeration. " Contributions to Economic Analysis and Policy, Vol. 3, No. 2, January 2004.

[64] Elliott, J. , Foster, I. , Kortum, S. , "Trade and Carbon Taxes. " American Economic Review, Vol. 100, No. 2, May 2010.

[65] Ellerman, A. D, Joskow, P. L. , "Emissions Trading in the US – Experience, Lessons, and Considerations for Greenhouse Gases. " Prepared for the Pew Center on Global Climate Change, 2003.

[66] Fischer, C. , Fox, A K. , "Comparing Policies to Combat Emissions Leakage: Border Tax Adjustments Versus Rebates. " Resources for the Future Discussion Paper, No. 09 – 02, 2009.

[67] Fischer, C. , Salant, S. , "On Hotelling, Emissions Leakage, and Climate Policy Alternatives. " Resources for the Future Discussion Paper, 2010.

[68] Fowlie, M. L. , "Incomplete Environmental Regulation, Imperfect Competition, and Emissions Leakage. " Closup Working Paper Series Number 7, February 2009.

[69] Frankel, J. A. , "Global Environmental Policy and Global Trade Policy. " The Harvard Project on International Climate Agreements Discussion Paper. No. 08 – 14, 2008.

[70] Frankel, J. A. , Rose, A. K. , "Is Trade Good or Bad for the Environment? Sorting out the Causality. " The Review of Economics and Statistics, Vol. 87, No. 1, 2005.

[71] Frees, E. W. , *Longitudinal and Panel Data: Analysis and Applications in the Social Science.* Cambridge, UK: Cambridge University Press. 2004.

[72] Gale, L. R. , Mendez, J. A. , "A Note on the Relationship Between Trade, Growth, and the Environment. " International Review of Economics and Finance. , Vol. 7, No. 1, 1998.

[73] Gawande, K., Berrens R. P., Bohara A. K., "A Consumption Based Theory of the Environmental Kuznets Curve." Ecological Economics. Vol. 37, No. 1, April 2001.

[74] Glen, P. P., Edgar G. H., "CO_2 embodied in international trade with implications for global climate policy." Environmental Science & Technology. Vol. 42, No. 5, January 2008.

[75] Golombek, R., Hoel, M., "Unilateral Emission Reductions and Cross – country Technology Spillovers." Contributions to Economic Analysis and Policy, Vol. 3, No. 2, February 2004.

[76] Greaker, M., "Strategic environmental policy: eco – dumping or a green strategy?" Journal of Environmental Economics and Management, Vol. 45, No. 3, May 2003.

[77] Grossman G. M., Krueger A. B., "Environmental Impacts of a North American Free Trade Agreement." The U. S. – Mexico Free Trade Agreement, Peter Garber, editor, MIT Press, 1993.

[78] Grossman, G. M., Krueger A. B., "Economic Growth and the Environment." The Quarterly Journal of Economics, Vol. 110, No. 2, May 1995.

[79] Hatzipanayotou, P., Lahir, S., Michae, M. S., "Can Cross Border Pollution Reduce Pollution." Canadian Journal Economics. Vol. 35, No. 4, November 2002.

[80] Hausman, J., "Specification Tests in Econometrics." Econometrica, Vol. 46, No. 6, November 1978.

[81] Hettige, H., Mani, M., Wheeler, D., "Industrial Pollution in Economic Development: Kuznets Revisited." Journal of Development Economic, Vol. 62, No. 2, August 2000.

[82] Hultberg, P. T., Barbier, E. B., "Cross Country Policy Harmonization with Rent Seeking." Contributions to Economic Analysis and Policy, Vol. 3, No. 2, February 2004.

[83] Ismer, R., Neuhoff, K., "Border Tax Adjustment: A Feasible Way to Support Stringent Emission Trading." CMI Working Paper. No. 36, 2007.

[84] Janicke, M. , Binder, M. , Monch, H. , " 'Dirty Industry' : patterns of change in industrial countries. " Environmental and Resource Economics, Vol. 9, 1997.

[85] Javorcik, B. S. , Wei, S. J. , "Pollution Havens and Foreign Direct Investment: Dirty Secret or Popular Myth?" Contributions to Economic Analysis and Policy. Vol. 3, No. 2, 2004.

[86] John, A. , Manuelli, R. A. , "A Positive Model of Growth and Pollution Controls. " NBER Working Paper. No. 5205, 1995.

[87] Kellenberg, D. K. , "An Empirical Investigation of the Pollution Haven Effect with Strategic Environment and Trade Policy. " Journal of International Economics, Vol. 78, No. 2, April 2009.

[88] Kuznets, S. , "Economic Growth and Income Inequality. " American Economic Review, Vol. 45, No. 1, March 1955.

[89] Levison, A. , "Environmental Regulation and Industry Location: International and Domestic Evidence. " In Fair Trade and Harmonization: Prerequisites for Free Trade. Cambridge MA: MIT Press, 1996.

[90] Levison, A. , Taylor. , "Unmasking the Pollution Haven Effect. " NBER Working Paper. No. 10629, 2004.

[91] Lockwood, B, Whalley, J. , "Carbon Motivated Border Tax Adjustments: Old Wine in Green Bottles. " NBER Working Paper. No. 14025, 2008.

[92] Lopez, R. , "The Environment as a Factor of Production: the Effects of Economic Growth and Trade Liberalization. " Journal of Environmental Economics and Management, Vol. 27, No. 2, February 1994.

[93] Lopez, R. , Mitra, S. , "Corruption, Pollution and the Environmental Kuznets Curve. " Journal of Environmental Economics and Management, Vol. 40, No. 2, August 2000.

[94] Ludema, R. , Wooton, I. , "Cross – Border Externalities and Trade Liberalization: the Strategic Control of Pollution. " Canadian Journal Economics, Vol. 27, No. 4, November 1994.

[95] Ludema, R. , Wooton, I. , "International Trade Rules and Environ-

mental Cooperation Under Asymmetric Information. " International E-
conomic Review, Vol. 38, No. 3, August 1997.

[96] Machado, G. R. , Worrell, E. , "Energy and Carbon Embodied in
the International Trade of Brazil: an Input – Output Approach. " Eco-
logical Economics, Vol. 39, No. 3, 2001.

[97] Manders, T. , Veenendaal, P. , "Border Tax Adjustment and the EU-
ETS, A Quantitative Assessment," CPB Document 171, 2007.

[98] Markusen, J. R. , " International Externalities and Optimal Tax
Structures. " Journal of International Economics, Vol. 5, No. 1, February
1975.

[99] McAusland, C. , "Environmental Regulation as Export Promotion:
Product Standard for Dirty Intermediate Goods. " Contributions to Eco-
nomic Analysis and Policy, Vol. 3, No. 2, February 2004.

[100] McCarney, G. R. , Wiktor L. A. , "The Effects of Trade Liberaliza-
tion on the Environment: An Empirical Study. " Conference Paper for
the 26th Conference of the International Association of Agricultural E-
conomist, 2006.

[101] McGuire, M. C. , "Regulation, Factor Rewards, and International
Trade. " Journal of Public Economics, Vol. 17, No. 3, 1982.

[102] Mckibbin, W. J. , Wilcoxen, P J. , "The Economic and Environ-
mental Effects of Border Tax Adjustments for Climate. " Brookings
Global Economy and Development Conference, Brookings Institution,
2008.

[103] Medalla, E. M. , Lazaro, D. C. , "Does Trade lead to a race to the
bottom in environmental standard? Another look at the issues. " PIDS
Discussion Paper Series No. 2005 – 23, 2005.

[104] Merrifield, J. , "The Impact of Selected Abatement Strategies on
Transnational Pollution, the Terms of Trade, and Factor Rewards: A
General Equilibrium Approach. " Journal of Environmental Econom-
ics and Management, Vol. 15, No. 3, September 1988.

[105] Millimet, D. L. , Roy, J. , "Three New Empirical Tests of the Pollu-

tion Haven Hypothesis When Environmental Regulation in Endoge-
nous. " IZA Discussion Paper. No. 5911, 2011.

[106] Mongelli, I. , Tassielli, G. , Notarnicola, B. , "Global Warming A-
greements, International Trade and Energy Carbon Embodiments: an
Input – Output Approach to the Italian Case. " Energy Policy,
Vol. 34, 2006.

[107] Mulatu, A. , Withagen, C. , "Environmental Regulation and Inter-
national Trade: Empirical results for Germany, The Netherlands and
the US, 1977 – 1992. " Contributions to Economic Analysis and Poli-
cy, Vol. 3, No. 2, February 2004.

[108] Munksgaard, J. , Pedersen, K. A. , "CO_2 Accounts for Open Econ-
omies: Producer of Consumer Responsibility?" Energy Policy,
Vol. 29, No. 4, March 2001.

[109] Osang, T. , Nandy, A. , "Environmental regulation of polluting
firms: Porter's hypothesis revisited. " Brazilian Journal of Business
Economics, Vol. 3, No. 3, August 2003.

[110] Paltsev, S V. , "The Kyoto Protocol: Regional and Sectoral Contribu-
tions to the Carbon Leakage. " The Energy Journal, Vol. 22, No. 4,
October 2001.

[111] Pesaran, M. H. , "General Diagnostic Tests for Cross Section De-
pendence in Panels. " Cambridge Working Papers in Economics,
0435, University of Cambridge, 2004.

[112] Peters, G. P. , Hertwich, E. G. , "CO_2 embodied in international
trade with implications for global climate policy. " Environmental
Science & Technology, Vol. 42, No. 5, 2008.

[113] Pethig, R. , "Pollution, Welfare, and Environmental Policy in the
Theory of Comparative Advantage. " Journal of Environmental Eco-
nomics and Management, Vol. 2, No. 3, February 1976.

[114] Popp, D. , "Uncertain r&d and the porter hypothesis. " Contribu-
tions to Economic Analysis & Policy, Vol. 4, No. 1, 2005.

[115] Porter, M. E. , "America's green strategy. " Scientific American,

Vol. 264, No. 4, January 1991.

[116] Porter, M. E., Linde, C., "Toward a New concept of the environ-ment competitiveness relationship." Journal of Economic Perspec-tives, Vol. 9, No. 4, Autumn 1995a.

[117] Porter, M., Linde, C., "Green and competitive: Ending the stale-mate." Harvard Business Review, Vol. 73, No. 5, September – Oc-tober 1995b.

[118] Regibeau, P. M., Gallegos, A., "Managed Trade, Liberalization and Local Pollution." Advance in Economic Analysis and Policy, Vol. 4, No. 2, July 2004.

[119] Sanchez – Choliz, J., Duarte, R., "CO_2 Emissions Embodied in In-ternational Trade: Evidence for Spain." Energy Policy, Vol. 32, No. 18, December 2004.

[120] Santacana, M., J, Casanovas, S., "Greenhouse Gas Emissions from a Consumption Perspective in a Global Economy – Opportunities for the Mediterranean region." CP/RAC Annual Technical Publica-tion, Vol. 7, 2008.

[121] Schmutzler, A., "Environmental regulations and managerial myopia." Environmental and Resource Economics, Vol. 18, No. 1, January 2001.

[122] Schram, S. F., *After Welfare: The Culture of Postindustrial Social Policy*. New York: New York University Press, 2000.

[123] Shiva, S., Harvey E. L., "Strategic environmental policy under free trade with transboundary pollution." Iowa State University Working Paper. No. 08017, 2008.

[124] Shui, B., Harriss, R. C., "The Role of CO_2 Embodiment in US – China Trade." Energy Policy, Vol. 34, No. 18, December 2006.

[125] Siebert, H., J. Eichberger, R. G., Pethig, R., *Trade and the En-vironment: A Theoretical Enquiry*. Amsterdam: Elsevier Scientific Publication Corporation, 1980.

[126] Sigman, H., "Does trade promote environmental coordination? Pollu-tion in International Rivers." Contribution to Economic Analysis and

Policy, Vol. 3, No. 2, 2004.

[127] Taylor, M. S. , "Unbundling the Pollution Haven Hypothesis. " Advances in Economic Analysis & Policy, Vol. 3, No. 2, June 2005.

[128] Taylor, M. , Levinson, A. "Unmasking the Pollution Haven Effect. " International Economic Review, Vol. 49, No. 1, February 2008.

[129] Ulph, A. , "Environmental policy and international trade when governments and producers act strategically. " Journal of Environmental Economics and Management, Vol. 30, No. 3, 1996.

[130] Welsch, H. , "Corruption, Growth, and the Environment: A Cross – Country Analysis. " Environment and Development Economics, Vol. 9, No. 5, 2004.

[131] Wooldridge, J. , *Econometric Analysis of Cross Section and Panel Data*. Cambridge, MA: MIT Press, 2002.